高等职业院校重点建设专业校企合作教材

Gongcheng Jixie Fadongji Gouzao yu Weixiu
工程机械发动机构造与维修

主　编　李　震
副主编　王世敏　李　活
主　审　马秀成　曹兴举

人民交通出版社股份有限公司
China Communications Press Co.,Ltd.

内 容 提 要

本教材采用理论与实践相结合的方法,营造工作环境氛围,培养工程机械专业学生发动机构造与维修技能。全书以工作任务为载体、以相关知识点为核心、以工作任务单为考核、以复习题为巩固、以职业技能鉴定为评定、以提高操作技能为目的。

本教材可作为工程机械及其相关专业人员的学习用书,也可作为技能培训和相关技术人员的参考书。

图书在版编目(CIP)数据

工程机械发动机构造与维修／李震主编. —北京：人民交通出版社股份有限公司,2017.8
高等职业院校重点建设专业校企合作教材
ISBN 978-7-114-14146-1

Ⅰ.①工… Ⅱ.①李… Ⅲ.①工程机械—发动机—构造—高等职业教育—教材 ②工程机械—发动机—机械维修—高等职业教育—教材 Ⅳ.①TU603 ②TU607

中国版本图书馆 CIP 数据核字(2017)第 215396 号

高等职业院校重点建设专业校企合作教材
书　　名：工程机械发动机构造与维修
著　作　者：李　震
责任编辑：司昌静　周　凯
出版发行：人民交通出版社股份有限公司
地　　址：(100011)北京市朝阳区安定门外外馆斜街 3 号
网　　址：http://www.ccpress.com.cn
销售电话：(010)59757973
总　经　销：人民交通出版社股份有限公司发行部
经　　销：各地新华书店
印　　刷：北京鑫正大印刷有限公司
开　　本：787×1092　1/16
印　　张：12
字　　数：299 千
版　　次：2017 年 8 月　第 1 版
印　　次：2017 年 8 月　第 1 次印刷
书　　号：ISBN 978-7-114-14146-1
定　　价：36.00 元

(有印刷、装订质量问题的图书由本公司负责调换)

前言

本课程教学内容以实际工作的典型工作任务为载体,将学习任务项目化、标准化,以项目教学为主线,利用不同工作任务的组合来实现教学目标。通过完成不同工作任务,使学生逐渐成为主体,达到职业能力培养的目标,使学生岗位素质大幅提升。本课程学习任务的设计与实际工作一致,体现职业教育的职业性。教学项目中各个工作任务的设计由企业技术负责人、企业培训师和院校专业教师等根据实际工作过程共同确定,每个工作项目中包含相应的能力训练项目,注重项目的实施过程及完成评价,强调利用校企合作实训基地进行教学,充分体现校企合作的特点。

本教材贯彻"在实践中学习,在实践中思考,在思考中进步,在进步中提升"的职业教育理念,以适合学院基本情况为前提,以可实施性为原则,深化教学方法改革,使学者有收获、教者有动力,积极推进职业教育发展。在编写过程中,大力推进教学方法和手段的改进,融理实为一体;以培养工程机械专业学生对发动机的认知与技能提高为目的,采取实践理论相互促进,营造工作氛围,以工作任务为载体,以知识要点为补充,以工作任务单为考核,以复习题为巩固,以职业技能鉴定评定为一体。

本教材由新疆交通职业技术学院李震担任主编,新疆交通职业技术学院王世敏和湖南交通职业技术学院李活担任副主编。由沃尔沃建筑设备投资(中国)有限公司后市场和客户支持能力发展部培训师马秀成和新疆交通职业技术学院曹兴举副教授担任主审。湖南交通职业技术学院李活编写学习任务一的二、三部分。学习任务中的技能鉴定与考核评定部分由新疆交通职业技术学院王世敏编写,全书其余部分由新疆交通职业技术学院李震编写。在本书编写过程中得到了企业专家的大力支持与指导,在此表示衷心感谢。

由于编者学识和水平有限,并基于与实践结合的课程改革在探索中,教材疏漏之处恳请读者提出宝贵意见。

作 者
2017 年 6 月

目 录
CONTENTS

学习任务一　　发动机的拆装 ·· 1
学习任务二　　整体式汽缸盖的拆装 ··· 22
学习任务三　　汽缸的检测 ·· 26
学习任务四　　活塞连杆组的装配 ·· 40
学习任务五　　活塞环装配检测 ··· 55
学习任务六　　曲轴的检测 ·· 62
学习任务七　　气门间隙的检查与调整 ·· 75
学习任务八　　喷油器的拆装 ··· 89
学习任务九　　喷油泵的拆装 ··· 100
学习任务十　　输油泵的拆装 ··· 111
学习任务十一　润滑油路的认知 ··· 116
学习任务十二　冷却循环路线的认知 ·· 128
学习任务十三　发动机常见故障诊断与排除 ··· 136
学习任务十四　柴油机电控高压共轨喷射系统认知 ··· 156
自我检测试题 ·· 165
参考文献 ·· 186

学习任务一　发动机的拆装

> **任务目标**
> 1. 能掌握发动机的拆装原则,并在拆装过程中熟练应用。
> 2. 熟知拆装工具的用途及使用方法,并能熟练使用拆装工具。
> 3. 能牢记操作技能要求。

学习准备

一、发动机的拆装原则

1. 采用合理的拆卸顺序

发动机的拆装顺序一般为"由表及里,逐个拆卸",即先拆外部附件,然后拆下各个总成件,再将总成件分解成部件或零件。

2. 具有准确的拆卸判断力

具有合适的拆卸判断力是指在拆卸的过程中,通过观察,正确判断是否需要将零部件拆除进行检查。如果不拆卸零部件即可判断其是否符合技术要求,则不必拆。如果不拆除零部件不能正确断定其是否有故障,则必须进行拆卸,这样才能进一步判断其是否正常。原则上,为了尽可能减少因为拆卸带来的泄漏问题,维修时不是拆卸得越彻底越好。

3. 采用合适的拆装工具

拆卸过程中,避免因操作人员性情急躁而采用不合适的工具进行猛打猛敲,同时,在拆装过程中,要正确选择拆装工具,尽可能使用专用工具,以提高工作效率,也能避免不必要的零件损伤或破坏。紧固连接螺栓时,需要严格按照维修手册使用扭力扳手按规定力矩进行紧固。

4. 拆卸时为装配做好必要的准备工作

(1)做好必要的记号(定位记号、装配记号)。

配合要求较高的零件,在拆卸时一定要做好定位、装配记号。这样在装配时才能维持原有的零部件的配合顺序,从而保证零件的配合特性。

(2)拆下的零件应按照顺序摆放或者按照类别摆放。

如:采用不同清洗方法的零件按照其清洗方法分类摆放;同一总成件或部件的零件集中放在一起;易变形的零件放在一起;易丢失的零件集中放在一起;有相关连接关系的零件放在一起;对不需要修理但能使用的零件不要拆散;精度要求较高的零件要集中放在一起。

二、拆装工具的使用

拆装工具分为通用工具和专用工具。

1. 通用工具及使用

通用工具是指一般的常用公制和英制工具，如扳手、螺丝刀、锤子等，如图1-1所示。

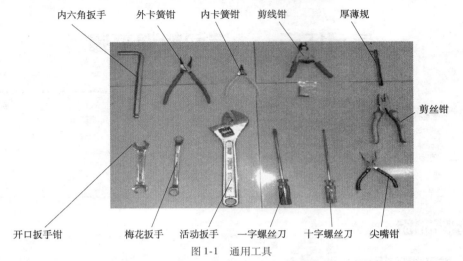

图1-1　通用工具

扳手用于拆装连接螺栓和螺母。汽车修理常用的有开口扳手、梅花扳手、套筒扳手、活动扳手、扭力扳手、管子扳手和特种扳手，如图1-2所示。

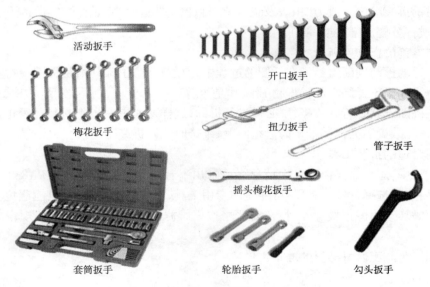

图1-2　扳手

1）开口扳手（图1-3）。

开口宽度6~24mm，每套开口扳手有6件、8件、12件等多种规格。适用于拆装一般标准规格的螺栓和螺母。

图1-3　开口扳手

（1）公制。

规格（mm）有：6～8、8～10、10～12、12～14、14～17、17～19、19～22、22～24、24～28、28～30、30～32等。

（2）英制。

规格（mm）有：7～9、9～11、11～13、13～15、15～16、16～18等。

2）梅花扳手

适用于拆装5～27mm的螺栓或螺母。根据要求，每套梅花扳手有6件、8件、12件、19件等多种规格。

梅花扳手两端似套筒，有12个角，能将螺栓或螺母的头部套住，工作时不易滑脱。有些螺栓和螺母受周围条件的限制，拆装时使用梅花扳手尤为适宜。

（1）公制。

规格（mm）有：6～8、8～10、10～12、12～14、14～17、17～19、19～22、22～24等。

（2）英制。

规格（mm）有：5～7、7～9、9～11、11～13、13～15、15～16、16～18等。

3）套筒扳手

每套有13件、17件、24件、27件、36件等多种。适用于拆装某些因位置所限，普通扳手不能工作的螺栓和螺母。拆装螺栓或螺母时，可根据需要选用不同的套筒和手柄。

各种规格的套筒子、接力杆、棘轮扳手，如图1-4所示。

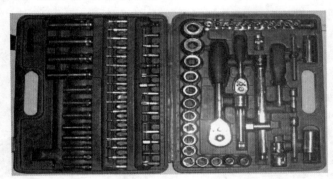

图1-4　组合套筒扳手

4）扭力扳手

用以配合套筒拧紧螺栓或螺母，如图1-5所示。在修理车辆中，扭力扳手是不可缺少的，如汽缸盖螺栓、曲轴轴承螺栓等的紧固都须使用扭力扳手。

图1-5　扭力扳手

拧紧力矩是指拧紧螺栓和螺母等时所需的旋转力矩。以力×长度来表示力矩。单位有kgf·m❶、kgf·cm等。国际单位制中，则为N·m（牛·米）。

---

❶　1kgf·m=9.80665N·m。

规格有:15kgf·m、25kgf·m、30kgf·m、50kgf·m等。

以上介绍的四种用于拆装螺栓或螺母的通用工具,在使用过程中,应按照下列方法使用:

第一:选用原则。根据零件所处位置,优先选用套筒扳手,然后是梅花扳手,最后是开口扳手,尽量不使用活动扳手。

第二:用力原则。用力的姿势要正确,如图1-6所示。

图1-6 扭力扳手的使用方法

(1)一只手在A点施力F,则另一只手在O点施力P,使$P+F=0$,则在O点只产生力矩$M=FL$。

(2)用力均匀,不允许用冲击力。

(3)发动机上所有螺栓(或螺母)都对拧紧力矩有要求,对于没有特别注明拧紧力矩要求的螺栓(或螺母)以压平弹簧垫圈后再拧紧1/2圈为宜。

对于有力矩要求的螺栓,则必须按规定力矩和拧紧次序拧紧,螺栓拧入螺孔之前应涂抹少许机油。

第三:清洁原则。工具用完后要清洗干净,按种类和规格归位并放置整齐。

5)螺丝刀(图1-7)。

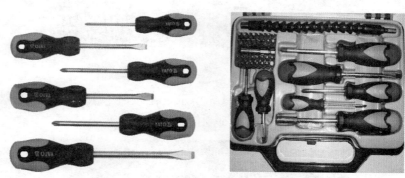

图1-7 螺丝刀

螺丝刀(又称起子或旋具),是用来拧紧或拧松带槽螺钉的工具。

螺丝刀分木柄螺丝刀、穿心螺丝刀、夹柄螺丝刀、一字螺丝刀(平头)、十字螺丝刀(梅花)、偏心螺丝刀、扭矩螺丝刀、气动螺丝刀。

常用螺丝刀的规格(杆部长)分为:50mm、65mm、75mm、100mm、125mm、150mm、200mm、250mm、300mm、350mm等。

使用螺丝刀时,要求螺丝刀刃口端应平齐,并与螺钉槽的宽度一致,螺丝刀上无油污。

让螺丝刀口与螺钉槽完全吻合,螺丝刀中心线与螺钉中心线同心后,拧转螺丝刀,即可将螺钉拧紧或拧松。

在使用过程中,必须用力顶紧螺丝刀,才能旋转螺丝刀。

6)钳子(图1-8)

在维修中,常使用的钳子主要有尖嘴钳、钢丝钳和鲤鱼钳。钳子按其长度可分为130mm、160mm、180mm、200mm等几种。

钢丝钳用于剪断金属丝和拧扭、折弯金属材料等;鲤鱼钳除用于拧扭、折弯金属材料外,还可用于夹持小零件;尖嘴钳则可在狭小的空间操作,不带刃口者只能夹小零件,带刃口者还可剪切细小零件。

7)内六角扳手

使用内六角扳手时必须将六角头全部插入螺栓孔内,如图1-9所示。

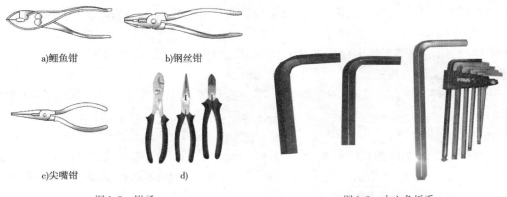

a)鲤鱼钳　　b)钢丝钳

c)尖嘴钳　　d)

图1-8　钳子　　　　　图1-9　内六角扳手

8)手锤

手锤又称鎯头或锤子,用于锤击工件,使工件变形、位移、振动。汽车维修中常用的锤子有羊角锤、安装锤、橡胶锤等;按锤子材料分,有铁锤、铜锤、木锤、橡胶锤;按锤子质量分,有0.25kg、0.5kg、0.75kg、1.25kg、1.5kg等多种规格。几种典型的手锤如图1-10所示。

a)纤维柄圆头锤　　　b)纤维柄羊角锤　　　c)无弹力橡胶锤

图1-10　手锤

使用锤子前,须检查锤柄安装是否牢固可靠,若有松动,应重新安装,并擦净油污,以免使用中锤脱出手而发生伤人、伤物事故。锤击时,锤头工作面应与工件锤击面平行。锤击铸铁等脆性物体、薄壁零件或悬空而未垫实的工件时,不可用力过猛,以免损坏工件。

2. 专用工具及使用

专用工具是指专门用于拆(或装)某一工件的工具。它是根据该零件的结构、尺寸和工作原理进行专门设计、制作的。例如:活塞环压紧专用工具、气门弹簧专用工具、曲轴研磨专用设备等。

1)拉马(图1-11)

拉马又称拉具、拉马器或拉器。用于拆卸轴与齿轮、带轮、轴套、轴承等紧配合件。根据用途不同分为三爪式拉马、二爪式拉马、套筒式拉马、固定式拉马、可调式拉马、轴承拉马等。

a)三爪式拉马　　　　b)轴承拉马　　　　c)二爪式拉马

图1-11　拉马

2)活塞环卡钳(图1-12)

活塞环卡钳用于装卸发动机活塞环,避免活塞环受力不均匀而折断。活塞环在拆装过程中,不允许用螺丝刀与工具硬性拆装。

使用时,用活塞环卡钳卡住活塞环开口,轻握手柄,慢慢收缩,活塞环会慢慢张开,将活塞环装入或拆出活塞环槽。

选用活塞环卡钳应符合相应尺寸要求,即所拆环的尺寸应在活塞环卡钳允许的尺寸范围以内。

3)气门弹簧钳

气门弹簧钳用于装卸气门弹簧,如图1-13所示。使用时,将钳口收缩到最小位置,插入气门弹簧座下,然后旋转手柄。左手掌向前压牢,使钳口贴紧弹簧座,装卸好气门锁(销)片后,反方向旋转气门弹簧装卸手柄,取出装卸钳。

 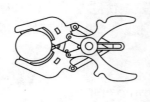 

图1-12　活塞环卡钳　　　　　　　　　图1-13　气门弹簧钳

4)卡环钳

卡环钳是用于拆装弹性挡圈、卡环的专用工具。常用的卡环钳,如图1-14所示。

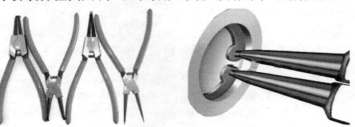

图1-14　卡环钳

5）活塞环压缩专用工具

该工具在安装活塞连杆组时使用,如图1-15所示。

6）滤清器拆装专用工具

该工具用于滤清器的拆装,如图1-16所示。

图1-15　活塞环压缩专用工具

图1-16　滤清器拆装专用工具

三、拆装操作要求(以康明斯柴油机为例)

1. 拆装安全要求

(1)开始工作前,将工作台、工具车、工具柜摆放好。

(2)将所需要的拆装工具摆放好,避免在使用过程中因摆放不当而出现撒落等现象。

(3)拆卸过程中,零部件要摆放稳妥、整齐。

(4)不可在拆卸和装配过程中猛敲硬砸。

(5)在拆卸过程中,若发现零件有较大变形或螺栓有松动等现象,必须立刻修复。

(6)在拆装较重零部件时,应使用合适的辅助工具,如移动式起重机、叉车等。

(7)在拆装过程中,严禁站或坐在工作台和设备上。

(8)正确使用清洗介质,使用时注意安全,工作现场不得有明火。

2. 拆装技能要求

(1)拆装过程中,严格按照拆装规则及拆装步骤进行。

(2)正确选择与使用工具。不得采用不相配的工具拆卸设备。

(3)拆装过程应有序,不得见什么拆什么。

(4)多人拆卸时,应相互配合,有序进行。

(5)拆卸的零部件要有规律地摆放,便于检测和安装。

(6)装配时,必须保证零部件之间的配合关系符合要求。

(7)装配时,必须保证零部件之间连接正确和可靠。

(8)装配时,必须保证各运动件之间转动平衡。

(9)必须保证装配过程清洁。

(10)装配时,相对运动零部件表面应润滑。

(11)装配同时更换所有密封件。

(12)装配时,螺栓紧固顺序和力矩应符合要求。

3. 拆装步骤

1）发动机附件的拆卸

(1)清洗发动机外表的油污和灰尘。排放柴油机内的润滑油和冷却水(注意:不能将水或油浸入电器元件内)。

(2)拆下各部件连接线,包括起动机、发电机、机油传感器、水温传感器、电控调速等,并一一做好标记。(注意:同一接线头的线头和线座用同样的标记)

(3)拆下发电机,取下风扇皮带,拆下起动机等发动机上的电器元件。

(4)拆下机油滤清器、柴油滤清器,用专用工具进行拆卸(注意:更换新件),拆下输油泵及相应软管(更换)。

(5)用开口扳手拆下高压油管,用煤油清洗,高压空气吹干净,摆放整齐,喷油泵出油口用堵头封好。

2)发动机主体的拆卸(图1-17)

(1)拧开油底壳螺栓,把机油放净;拧开水箱底部的开关,把水放干净。

(2)拆卸附件。

①由两端向中央依次、交叉旋下进排气歧管紧固螺栓,连同废气涡轮增压器一起卸下,取下垫片,摆放整齐(注意:该螺栓是防松螺栓,所以要妥善保管),如图1-18所示。

图1-17 康明斯柴油机　　　　　图1-18 拆卸排气管和废气涡轮增压器

②拆下水箱、皮带、风扇、发电机、起动机等。

③松开高压油管,拆下低、高压油泵。

松开喷油泵正齿轮紧固螺母,均匀拉下齿轮(注意:半球定位键的保存应妥当),松开喷油泵、紧固螺栓,抬下摆放好喷油泵,如图1-19所示。

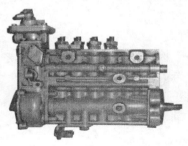 

图1-19 拆卸喷油泵

(3)拆下气门室罩盖,拆掉曲轴箱通风管,拆下挺杆室盖,如图1-20所示。

(4)气门摇臂轴为一根轴的,则由两端向中间,旋下摇臂轴紧固螺栓,取下摇臂轴组件、推杆。摇臂轴为细长杆件,拆卸时必须分步进行,均匀由两端向中间分步拆卸。

由第一缸至第六缸依次按顺序拆卸,并按次序放置整齐,不能错位(注意:各缸气门摇臂不能互换),做好标记,抽出推杆,如图1-21所示。

(5)拆汽缸盖。分两次由两端向中央交叉拆下汽缸盖紧固螺栓,如图1-22所示(注意:第一遍松螺栓时按规定拧紧力矩的1/3松螺栓),轻轻抬下汽缸盖,取下汽缸垫(标记汽缸垫的装配方向)。

图1-20 拆卸曲轴箱通风管，拆下挺杆室盖

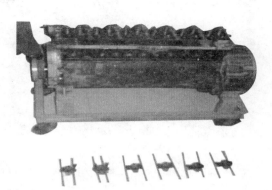

图1-21 拆卸摇臂、推杆

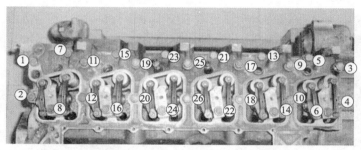

图1-22 拆卸汽缸盖

(6)拆下气门组。使汽缸盖总成悬空，用气门弹簧钳依次取下气门，并做好标记，放置整齐，如图1-23所示。

(7)拆卸油底壳。将发动机侧置或倒置并固定好，分两次均匀卸下油底壳螺栓，取下油底壳与衬垫(更换衬垫)，如图1-24所示。

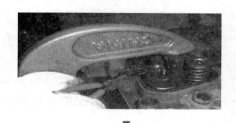

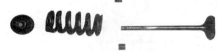

图1-23 拆卸气门弹簧　　　　　图1-24 拆卸油底壳

(8)取下曲轴前端皮带轮及扭矩减振器，拆下水泵总成，拆开齿轮室盖。

①为了便于后期工作，须在第一缸活塞处于上止点时做好标记，如图1-25所示。

②分两次拆下柴油机前端正时齿轮室盖，取下垫片(更换)，压出前油封(更换)，如图1-26所示。

图 1-25　对上止点

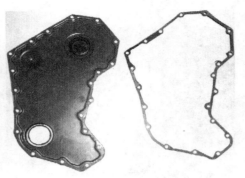

图 1-26　拆卸齿轮室盖

观察：曲轴正时齿轮与配气正时齿轮啮合点、配气正时齿轮与喷油泵正时齿轮的啮合点，此两啮合点上应标记"$^{00}_{0}$"或"$^{11}_{1}$"。若无标记，则必须做好标记方可进行下一步的拆卸工作，如图1-27所示。

（9）拆下正时齿轮，取出凸轮轴。检查配气凸轮轴轴向间隙应为0.13~0.34mm，轴颈间隙应为0.12~0.38mm（注意：凸轮轴正时齿轴不得强行拆卸）。拆下配气凸轮轴定位件，并保证挺杆头均处于最顶部位置时，平稳抽出配气凸轮轴，观察各轴颈和定位环槽的磨损情况，如图1-28所示。

图 1-27　对正时、喷油刻线

图 1-28　检查凸轮轴轴向间隙

（10）拆卸活塞连杆组。

①做好活塞向前的方向标记、序号和连杆盖序号、方向的标记（这一点非常重要）。有的活塞头部有记号，在拆卸中应注意观察。

②转动曲轴，使活塞处于下止点，分两次拆下连杆盖螺栓，取下连杆盖，用手锤的木柄头轻轻推出活塞连杆组并将连杆盖装回连杆柄，如此，直至全部拆下，依次序摆放整齐，如图1-29所示。

图 1-29　拆卸活塞连杆组

③用活塞环卡钳拆下所有的气环和油环（更换），如图1-30、图1-31所示。

④观察汽缸套表面磨损情况,若光亮无任何珩磨纹,则说明需要更换,做好记录。

图 1-30 活塞连杆组

图 1-31 拆卸活塞环

(11)拆下飞轮,取下前、后端盖,最后抬出曲轴。

①将发动机倒置,前后推动曲轴,检查曲轴的轴向间隙,此间隙应为 0.25～0.35mm,做好记录,如图 1-32 所示。

图 1-32 检查曲轴轴向间隙

②做好飞轮与曲轴的位置标记,拆下飞轮(注意:交叉分两次),如图 1-33 所示。

③拆卸曲轴前后轴承盖和后油封(更换),如图 1-34 所示。

图 1-33 拆卸飞轮连接螺栓

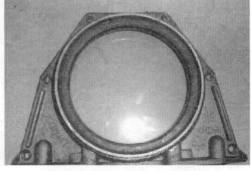

图 1-34 拆卸曲轴后轴承盖

④按序号和方向做好主轴承盖的标记,如图 1-35 所示。

分两次由两端向中央依次交叉旋出主轴承盖螺栓,并取下主轴承盖,如图 1-35 所示。

⑤抬出曲轴总成(注意:必须沿曲轴轴线的垂直方向取出,放于曲轴专用托架上或立放),如图 1-36 所示。

⑥拆除大瓦,将主轴承盖及螺栓装回,避免装错或装反。

(12)拆卸汽缸套。

图1-35 拆卸主轴承盖

图1-36 曲轴立放

①汽缸套的拆装。用汽缸套拆装工具拉出旧汽缸套,如图1-37所示。

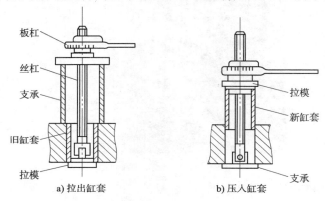

a) 拉出缸套　　b) 压入缸套

图1-37 汽缸套拆装工具

②更换新缸套时,必须更换铜垫和水套密封件。

(13) 润滑系统部件的拆卸。

①拆下机油集滤器及相应连接管;拆下转子式机油泵,并检查端面间隙、啮合间隙和外转子与壳之间的间隙,如图1-38所示。

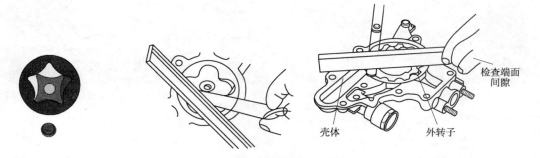

图1-38 检查转子泵间隙

②拆下机油冷却器,检查各阀的技术状况。

③拆下主油溢流阀,检查技术状况。

(14) 冷却系统部件的拆卸。

①拆卸水泵总成,取下垫子(更换)。

注意:水泵若漏水,在平时的工作中一旦发现,应即时更换总成。

②拆卸节温器。

③检查散热器盖(空气—蒸汽阀)。

④拆卸各水管,检查接口处有无损坏。

任务工单

任务工单,见表1-1。

任务工单一 　　　　　　　　　　　　　　　　　　　　　　　　表1-1

柴油机的拆装		日期		总分	
		班级		组号	
		姓名		学号	
能力目标	1.能正确使用工具; 2.能够规范拆卸柴油机; 3.能够正确说出柴油机各附件及部件的名称; 4.能够正确说出柴油机的工作原理				
设备、工具准备	康明斯柴油机、扭力扳手、世达工具(150)、内六角扳手、螺丝刀、手锤、卡簧钳、剪丝钳、铜棒等				
拆前准备	1.安全操作规程; 2.拆装技术要求				
读取信息	柴油机名称		柴油机型号		
	缸数		冷却方式		
	缸径		是否带增压		
	冲程				
关键操作点	1.放油、放水等; 2.拆附件; 3.拆气门室罩; 4.拆汽缸盖,从两边向中间分步、对称交叉拆卸螺栓; 5.拆油底壳; 6.拆前端盖,包括正时齿轮室罩、凸轮轴、机油泵等; 7.拆活塞连杆组,对于直列六缸柴油机,曲拐相同的同时进行拆卸,1、6为一组,2、5为一组,3、4为一组; 8.拆后端盖,包括飞轮、飞轮壳、油封等; 9.拆曲轴				

续上表

拆装过程须知	1. 曲柄连杆机构的组成_____ 2. 机体组的组成_____ 3. 活塞连杆组的组成_____ 4. 曲轴飞轮组的组成_____ 5. 配气机构的组成_____ 6. 燃油供给的组成_____ 7. 进排气系统组成_____ 8. 冷却系的组成_____ 9. 润滑系的组成_____ 10. 起动系的组成_____
柴油机工作原理描述	
拆装过程技术要求	
讨论与总结	
评价体系	1. 个人评价：_____ _____ 2. 小组评价 (1) 任务工单的填写情况（优、良、合格、不合格）：_____ (2) 团队协作与工作态度评价：_____ (3) 质量意识和安全环保意识评价：_____ 小组成员签名：_____ 3. 指导教师综合评价：_____ 指导教师签名：_____

知识要点

一、柴油机的概念

柴油机是热机的一种,是将柴油燃料经过燃烧释放的热能转变为机械能的机器。

二、热机的概念

热机即热力发动机,它是借助工质的变化将燃料燃烧所产生的热能转变为机械能。

热机按照燃烧部位不同,可分为内燃机和外燃机。内燃机是指燃料在汽缸内燃烧,产生热量,并将热能转变为机械能的发动机。外燃机是指燃料在汽缸外燃烧,产生热量,并将热能转变为机械能的发动机。

三、内燃机的分类

内燃机种类繁多,根据不同特点有不同分类(表1-2)。

内燃机的分类　　　　　　　　　　　　　表1-2

分类方法	类别	含义
按冲程数分	二冲程内燃机	活塞经过两个行程完成一个工作循环的内燃机
	四冲程内燃机	活塞经过四个行程完成一个工作循环的内燃机
按着火方式分	点燃式内燃机	压缩汽缸内的可燃混合气,并用外源点火燃烧的内燃机
	压燃式内燃机	压缩汽缸内的空气或可燃混合气,产生高温,引起燃料着火的内燃机
按使用燃料种类分	液体燃料内燃机	燃烧液体燃料(汽油、柴油、醇类等)的内燃机
	气体燃料内燃机	燃烧气体燃料(液化石油气、天然气等)的内燃机
	多种燃料内燃机	能够使用着火性能差异较大的两种或两种以上燃料的内燃机
按进气状态分	非增压内燃机	进入汽缸前的空气或可燃混合气未经压缩的内燃机;对于四冲程内燃机亦称自吸式内燃机
	增压内燃机	进入汽缸前的空气或可燃混合气先经过压气机压缩,借以增大充量密度的内燃机
按冷却方式分	水冷式内燃机	用水冷却汽缸和汽缸盖等零件的内燃机
	风冷式内燃机	用空气冷却汽缸和汽缸盖等零件的内燃机
按汽缸数分	单缸内燃机	只有一个汽缸的内燃机
	多缸内燃机	具有两个或两个以上汽缸的内燃机
按汽缸排列形式分	立式内燃机	汽缸布置于曲轴上方且汽缸中心线垂直于水平面的内燃机
	卧式内燃机	汽缸中心线平行于水平面的内燃机
	直列式内燃机	具有两个或两个以上直立汽缸,并呈一列布置的内燃机
	V形内燃机	具有两个或两列汽缸,其中心线夹角呈V形,并共用一根曲轴输出功率的内燃机
	对置汽缸式内燃机	两个或两列汽缸分别排列在同一曲轴的两边呈180°夹角的内燃机
	斜置式内燃机	汽缸中心线与水平面呈一定角度(不是直角)的内燃机
按用途分		有公路工程机械用、机车用、拖拉机用、船用、坦克用、摩托车用、发电用、农用、工程机械用等内燃机

四、内燃机的基本术语

1. 上止点（图1-39）

上止点是指活塞离曲轴回转中心最远处，即活塞的最高位置。

2. 下止点（图1-40）

下止点是指活塞离曲轴回转中心最近处，即活塞的最低位置。

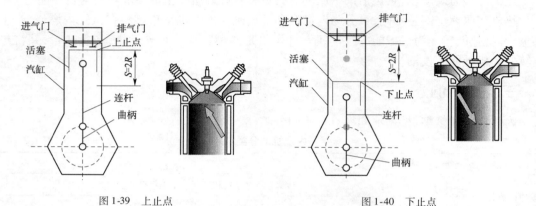

图1-39　上止点　　　　　　　　图1-40　下止点

3. 活塞行程（图1-41）

活塞行程是指上、下两止点间的距离，即活塞由一个止点移动到另一个止点运动一次的过程称行程。

4. 汽缸工作容积（图1-42）

汽缸工作容积是指活塞从上止点到下止点所让出的空间容积。

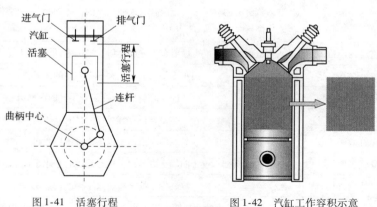

图1-41　活塞行程　　　　　　　图1-42　汽缸工作容积示意

5. 发动机排量（图1-43）

发动机排量是指发动机所有汽缸工作容积的总和。

6. 燃烧室容积（图1-44）

燃烧室容积是指活塞在上止点时，活塞顶上面空间的容积。

7. 汽缸总容积（图1-45）

汽缸总容积是指活塞在下止点时，活塞顶上面空间的容积，它等于汽缸工作容积与燃烧室容积之和,即 $V_a = V_h + V_0$。

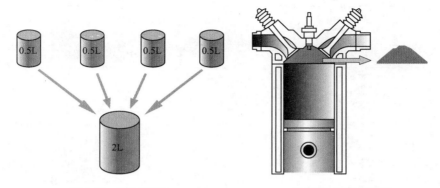

图1-43 发动机排量　　　　图1-44 燃烧室容积

8. 压缩比(图1-46)

压缩比是指汽缸总容积与燃烧室容积的比值。

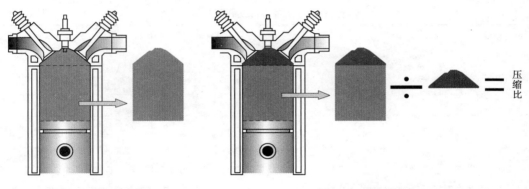

图1-45 汽缸总容积　　　　图1-46 压缩比示意

五、柴油机的工作原理

单缸四冲程柴油机工作原理,如图1-47、表1-3所示。

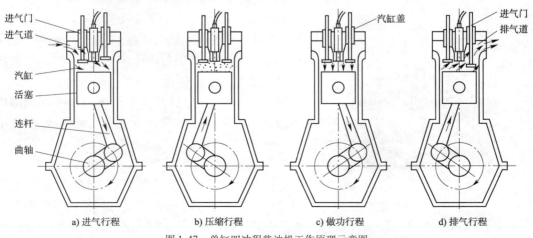

图1-47 单缸四冲程柴油机工作原理示意图

单缸四冲程柴油机工作原理 表1-3

曲轴转角(°)	行程	活塞	进气门	排气门	汽缸内的压力	汽缸内的温度
0～180	进气	上止点 ↓ 下止点	开	关	略大于P_0； P_0为大气压	冷机=T_0 热机T_0
180～360	压缩	上止点 ↑ 下止点	关	关	↑	↑
360～540	做功	上止点 ↓ 下止点	关	关	开始:↑↑ 终了:↓	开始:↑↑ 终了:↓
540～720	排气	上止点 ↑ 下止点	关	开	↓	↓

柴油机工作时各行程状态参数,如表1-4所示。

柴油机工作时各行程状态参数 表1-4

行程 \ 状态	温度(K)	压力
进气行程	320～350	800～900kPa
压缩行程	800～1000	3～5MPa
做功行程	2200～2800(瞬时最高) 1500～1700(做功终了)	3～5MPa(瞬时最高) 300～500kPa(做功终了)
排气行程	800～1000	105～125kPa

六、柴油机总体构造(图1-48)

两大机构:曲柄连杆机构、配气机构。

五大系统:供给系(燃油供给系、进排气系统)、冷却系、润滑系、起动系。

1. 曲柄连杆机构

(1)组成:由机体组、活塞连杆组、曲轴飞轮组三部分。

(2)功用:将燃料燃烧所产生的热能,由活塞的直线往复运动转变为曲轴旋转运动而对外输出动力。

机体是发动机各个机构、各个系统和一些其他部件的安装组件。机体的许多部分还是配气机构、燃料供给系、冷却系和润滑系的组成部分。

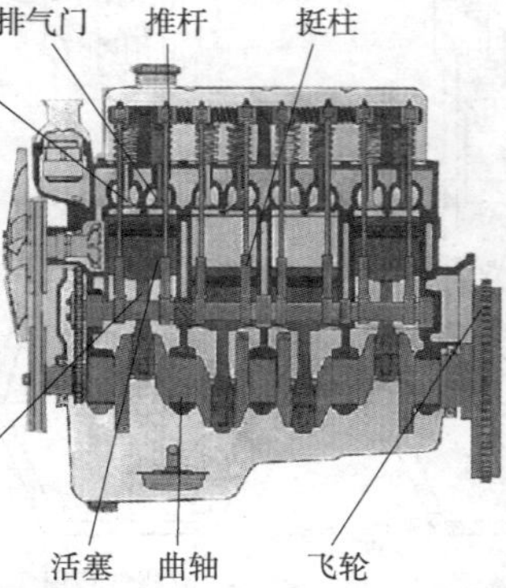

2. 配气机构

(1)组成:由进气门、排气门、气门弹簧等气门组件和挺杆、推杆、凸轮轴和正时齿轮等气门传动组件组成。

(2)功用:使新鲜空气及时充入汽缸,并使燃烧产生的废气及时排出汽缸。

图1-48 柴油机总体构造

3. 燃料供给系

(1)组成:燃油箱、输油泵、喷油泵、柴油滤清器、喷油器、高低压油管和回油管路等。

(2)作用:在规定时刻向缸内喷入定量柴油,以调节发动机输出功率和转速。

4. 润滑系

(1)组成:机油泵、润滑油道、集滤器、机油滤清器、限压阀、油底壳等。

(2)功用:将润滑油送到各运动件的摩擦表面,以减少运动件的磨损与摩擦阻力,并有冷却、密封清洗、防腐防锈等作用。

5. 冷却系

冷却系分为:水冷式和风冷式。

工程机械柴油机一般采用水冷式。

(1)组成:水泵、散热器、风扇、分水管、节温器和水套等。

(2)功用:将受热零件的热量散发到大气中去,以保持适宜工作温度。

6. 起动系

(1)组成:起动机、起动继电器。

(2)功用:带动飞轮旋转以获得必要的动能和起动转速,使静止的发动机起动并转入自行运转状态。

7. 进排气系

(1)组成:空气滤清器、涡轮增压器、中冷器、进排气管和排气消声器等。

(2)作用:向汽缸内供给新鲜和干净的空气,并将燃烧后的废气排出汽缸。

七、内燃机型号编制规则

根据国家标准《内燃机产品名称和型号编制规则》(GB/T 725—2008)规定,我国内燃机型号由以下四个部分组成。

(1)内燃机名称按所采用的主要燃料来命名,如柴油机、汽油机、天然气机等。

(2)内燃机型号应能反映内燃机的主要结构特征及性能。

内燃机型号由阿拉伯数字和汉语拼音字母或国际通用的英文缩略字母(以下简称字母)组成。

第一部分:由制造商代号或系列符号组成。本部分代号由制造商根据需要选择相应的1~3位字母表示。

第二部分:由汽缸数、汽缸布置型式符号、冲程型式符号、缸径符号等组成。汽缸数用1~2位数字表示;汽缸布置型式按表1-5规定;冲程型式为四冲程时省略,二冲程用E表示;缸径符号一般用缸径或缸径/行程数字表示。亦可用发动机排量或功率表示,其单位由制造商自定。

汽缸布置形式符号　　　　　表1-5

符号	含义	符号	含义
无符号	多缸直列及单缸	H	H型
V	V型	X	X型
P	P型		

注:其他布置形式符号见《往复式内燃机　词汇　第1部分:发动机设计和运行术语》(GB/T 1883.1—2005)。

第三部分:由结构特征符号和用途特征符号组成,其符号分别按表1-6、表1-7的规定。

结构特征符号　　　　　　　　　　　　　　　　表1-6

符　号	结构特征	符　号	结构特征
无符号	冷却液冷却	Z	增压
F	风冷	ZL	增压中冷
N	凝气冷却	DZ	可倒转
S	十字头式		

用途特征符号　　　　　　　　　　　　　　　　表1-7

符　号	用　途	符　号	用　途
无符号	通用型及固定动力（由制造商自定）	J	铁路机车
T	拖拉机	D	发电机组
M	摩托车	C	船用主机,右机基本型
G	工程机械	CZ	船用主机,左机基本型
Q	汽车	Y	农用三轮车（或其他农用车）

第四部分:区分符号。同系列产品需要区分时,由制造厂选用适当符号表示。第三部分和第四部分可用"－"分隔。

第一部分　　　　第二部分　　　　　　　第三部分　　　　　第四部分
⬜1　　　　⬜2 ⬜3 ⬜4 ⬜5　　　　⬜6 ⬜7 ⬜8　　　　⬜9

以上方框中的数字表示如下:
1. 制造商代号或系列符号　　　　　　2. 缸数
3. 汽缸布置型式符号　　　　　　　　4. 冲程型式符号
5. 缸径或缸径/行程(亦可用发动机排量或功率表示)
6. 结构特征符号　　　　　　　　　　7. 用途特征符号
8. 燃料特征符号　　　　　　　　　　9. 区分符号

(3)型号编制举例如下。
①汽油机 1E65F。
表示单缸,二冲程,缸径65mm,风冷通用型。
②柴油机 R175A。
表示单缸,四冲程,缸径75mm,冷却液冷却(R为系列代号、A为区分代号)。

技能鉴定与考核评定

工程机械维修工职业技能鉴定操作技能考核评分记录,见表1-8。

工程机械维修工职业技能鉴定操作技能考核评分记录表　　　表1-8

学号:_____　姓名:_____　班级:_____　成绩:_____
项目:发动机拆装　　　　　　　　　　　　　　　　规定时间:50min

序号	项　目	评分要素	配分	评分标准	得分
1	基本概念	(1)发动机的功用; (2)发动机牌号知识	10	结合实物,讲不清楚的每项扣2~5分	

续上表

序号	项 目	评 分 要 素	配分	评 分 标 准	得分
2	工(量)具的使用	选用、使用工(量)具应正确	10	选用、使用工(量)具不正确的扣2~5分	
3	拆卸工艺要求及注意事项	(1)一般零件的拆卸工艺要求； (2)精密零件的拆卸工艺要求； (3)拆卸的熟练程度	20	(1)结合实物,讲不清楚的每项扣5分； (2)边讲边示范,不熟练的扣5分； (3)违反操作规程的扣10分	
4	总成件检验的方法	(1)机体的检验； (2)缸盖的检验； (3)曲柄连杆的检验； (4)活塞组的检验； (5)机油泵的检验； (6)水泵、节温器的检验； (7)配气机构的检验； (8)汽缸套的检验	30	(1)结合实物,讲不清楚的每项扣5分； (2)边讲边示范,不熟练的扣5分	
5	装配工艺要求与配合间隙	(1)曲柄连杆装配； (2)活塞组的装配； (3)水泵、节温器的装配； (4)配气机构的装配； (5)汽缸套的装配	30	(1)结合实物,讲不清楚的每项扣5分； (2)边讲边示范,不熟练的扣5分； (3)违反操作规程的扣10分	
6	总计		100		

评分人：　　　　　　　　　　　　　　　　　　　　　　　　　年　月　日

学习任务二　整体式汽缸盖的拆装

> **任务目标**
> 1. 能掌握汽缸盖的拆装原则,并在拆装过程中熟练应用。
> 2. 熟知拆装工具的用途及使用方法,并能熟练使用拆装工具。
> 3. 能牢记操作技能要求。

 学习准备

一、拆装原则

(1)拆卸汽缸盖过程中拧紧螺栓时,必须从两边向中央交叉对称拆卸。
(2)装配汽缸盖过程中拧紧螺栓时,必须从中央向两边交叉对称安装。

二、拆装工具的使用

1. 扭力扳手的使用

使用方法见"发动机的拆装"中"拆装工具的使用——扭力扳手"。

2. 世达工具

见学习任务一的工具扳手、起子等。

三、拆装操作要求

1. 顺序要求

拆卸缸盖螺栓时,从两边向中间拆卸;安装时,从中间向两边安装。

2. 力矩大小及次数要求

拆卸螺栓需分几次进行,一般为3次。
拧紧螺栓需分几次进行,一般为3次,最后一次拧紧力矩应符合出厂要求。

3. 放置要求

拆卸的缸盖应侧面立放,防止产生变形。

 任务工单

任务工单见表2-1。

任务工单二　　　　　　　　　　　　　　　　　　　　　表2-1

整体式汽缸盖的拆装		日期		总分	
		班级		组号	
能力目标	1. 能正确使用工具; 2. 能够规范拆卸汽缸盖; 3. 能够正确说出拆装的操作要求				

续上表

设备、工具准备	康明斯柴油机、扭力扳手、世达工具（150）、内六角扳手、螺丝刀、手锤、卡簧钳、剪丝钳、铜棒等			
拆前准备	1.安全操作规程； 2.拆装技术要求			
读取信息	柴油机名称		柴油机型号	
	缸数		冷却方式	
	缸径		汽缸盖的类型	
	冲程		缸盖材料	
关键操作点	1.拆卸缸盖螺栓的规则； 2.安装缸盖螺栓的规则； 3.工具的使用			
拆装过程须知	1.柴油机的型号＿＿＿＿＿＿ 2.汽缸盖的主要作用＿＿＿＿＿＿ 3.汽缸盖是利用＿＿＿＿＿来冷却燃烧室等高温部分 4.柴油机缸盖上加工有＿＿＿＿＿安装座孔 5.汽缸盖的类型有＿＿＿＿＿＿ 6.拆下的汽缸应如何放置＿＿＿＿＿＿ 7.汽缸垫的作用＿＿＿＿＿＿ 8.汽缸垫安装方向确定规则＿＿＿＿＿＿			
柴油机工作原理描述				
拆装过程技术要求				
讨论与总结				

23

续上表

评价体系	1. 个人评价：_____ _____ 2. 小组评价 (1) 任务工单的填写情况（优、良、合格、不合格）：_____ (2) 团队协作与工作态度评价：_____ (3) 质量意识和安全环保意识评价：_____ 小组成员签名：_____ 3. 指导教师综合评价：_____ 指导教师签名：_____

 知识要点

一、汽缸盖

1）汽缸盖的作用

从上部密封汽缸，与活塞顶部和汽缸壁一起构成燃烧室。

2）汽缸盖的材料

汽缸盖的灰铸铁或合金铸铁铸成。铝合金的导热性好，有利于提高压缩比，所以近年来使用铝合金汽缸盖的汽车越来越多。

3）汽缸盖的类型

汽缸盖分单体式汽缸盖、块状汽缸盖和整体式汽缸盖三种。

单体式汽缸盖只覆盖一个汽缸，块状汽缸盖能覆盖部分（两个以上）汽缸，整体式汽缸盖能覆盖所有汽缸。

4）汽缸盖的结构

汽缸盖形状复杂，包括水套、进排气门座和气门导管孔，喷油器孔、凸轮轴轴承孔（顶置凸轮轴式）、燃烧室。

5）汽缸盖的检修

(1) 汽缸盖裂纹。

①产生的部位：多在进排气门座之间。

②产生的原因：气门座或气门导管配合过盈量过大与镶换工艺不当所引起。

③处理：出现裂纹应更换。

(2) 汽缸盖的变形。

①产生原因：拆装时未按拆装要求进行。比如汽缸盖螺栓拆装的顺序、螺栓拆装的方向以及力矩的大小等方面有误而造成汽缸盖的变形。

②检测：进行平面度检测。

A. 量具：厚薄规、直尺。

B. 平面度要求：在100mm长度上应不大于0.03mm，全长应不大于0.1mm。

C. 检测方法：将直尺放到汽缸盖平面上，然后用厚薄规测量直尺与平面间的间隙，即为平面度的误差值。

二、汽缸垫

1）汽缸垫的作用

保证汽缸盖与汽缸体接触面的密封，防止漏气、漏水和漏油。

2)汽缸垫的结构

目前,应用较多的是铜皮—石棉结构的汽缸垫,其翻边处有三层铜皮,压紧时不易变形。有的汽缸垫还采用在石棉中心用编织的钢丝网或有孔钢板为骨架,两面用石棉及橡胶黏结剂压成。有的采用实心有弹性的金属片作为汽缸垫,以适应发动机强化要求。

3)汽缸垫的安装要求

汽缸垫光滑的一面应朝向汽缸体,否则其容易被高压气体冲坏。汽缸垫上的孔要和汽缸体上的孔对齐。拧紧汽缸盖螺栓时,必须按对称地由中央向四周扩展的顺序分2~3次进行,最后一次拧紧到规定的力矩。

安装时,应注意将卷边朝向易修整的接触面或硬平面。汽缸盖和汽缸体同为铸铁时,卷边应朝向汽缸盖(易修整面);而汽缸盖为铝合金,汽缸体为铸铁时,卷边应朝向汽缸体。

4)汽缸垫的更换

汽缸垫一经拆卸则不能再次安装使用,应更换新的汽缸垫。

技能鉴定与考核评定

工程机械维修工职业技能鉴定操作技能考核评分记录,见表2-2。

工程机械维修工职业技能鉴定操作技能考核评分记录表 表2-2

学号:_____ 姓名:_____ 班级:_____ 成绩:_____

项目:整体式缸盖拆装　　　　　　　　　　　　　　　　规定时间:30min

序号	项目	评分要素	配分	评分标准	得分
1	基本概念	(1)缸盖的功用; (2)缸盖的组成	10	结合实物,讲不清楚的每项扣2~5分	
2	工(量)具的使用	选用、使用工(量)具应正确	10	选用、使用工(量)具不正确的扣2~5分	
3	拆卸工艺要求及注意事项	(1)缸盖的拆卸工艺要求; (2)拆卸的熟练程度	20	(1)结合实物,讲不清楚的每项扣5分; (2)边讲边示范,不熟练的扣5分; (3)违反操作规程的扣10分	
4	零件检验的方法	(1)缸盖的检验; (2)缸床垫的检验; (3)机体缸盖接合面平整度的检验	30	(1)结合实物,讲不清楚的每项扣5分; (2)边讲边示范,不熟练的扣5分	
5	装配工艺要求	(1)缸盖装配方法; (2)缸盖螺栓紧固的要求; (3)缸床垫的装配要求	30	(1)结合实物,讲不清楚的每项扣5分; (2)边讲边示范,不熟练的扣5分; (3)违反操作规程的扣10分	
6	总计		100		

评分人:　　　　　　　　　　　　　　　　　　　　　　　　　　　　　年　月　日

学习任务三　汽缸的检测

> **任务目标**
> 1. 能掌握汽缸的检测方法,并在检测过程中熟练应用。
> 2. 熟知检测量具的用途及使用方法,并能熟练使用检测量具。
> 3. 能牢记操作技能要求。

一、检测原则

1. 量缸表的安装原则

(1)根据汽缸直径的尺寸,选择合适的接杆装入量缸表的下端。接杆装好后,与活动伸缩杆的总长度应与被测汽缸尺寸相适,如图3-1所示。

(2)校正量缸表的尺寸。将外径千分尺校准到被测汽缸的标准尺寸,再将量缸表校准到外径千分尺的尺寸,并使伸缩杆有2mm的压缩行程,旋转表盘使表针对准零位。

2. 测量部位的选取

(1)将量缸表的测杆伸入汽缸的上部,根据汽缸磨损规律,测量第一道活塞环在上止点位置时所对应的汽缸壁厚。

(2)量缸表下移,测量汽缸中部和下部的磨损。汽缸中部为上、下止点中间的位置,汽缸下部为距离汽缸下边缘 10~20mm 处。

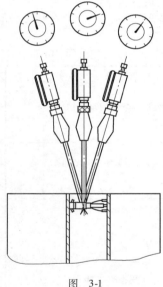

图 3-1

二、量具的使用

1. 游标卡尺

1)游标卡尺的作用

游标卡尺是用来测量工件内外部尺寸和深度的一种中等精度的量具。

2)游标卡尺的分类

(1)按其读数精度分为:0.1mm(副尺为10小格)、0.05mm(副尺为20小格)和0.02mm(副尺为50小格)三种。

(2)按测量范围分为:0~150mm、0~200mm、0~300mm 和 0~500mm 等。

3)游标卡尺的结构

游标卡尺的结构如图3-2所示。

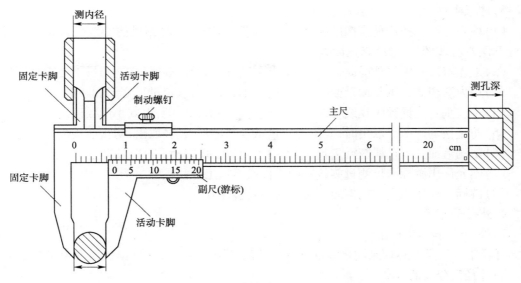

图 3-2 游标卡尺

(1)组成:主尺、副尺、固定卡脚、活动卡脚、制动螺钉、微动螺母等。

(2)用途:上端两卡脚可测量孔径、孔距及槽宽;下端两卡脚可测量外圆和长度等;尺后的测深杆可测量内孔和沟槽深度。

4)游标卡尺的刻线原理及读数方法(表3-1)

游标卡尺的刻线原理及读数方法 表3-1

精度值(mm)	刻 线 原 理	读数方法及示例
0.1	主尺1格=1mm,副尺1格=0.9mm,共10格;主尺、副尺每格之差=(1-0.9)mm=0.1mm	读数=副尺0位指示的主尺整数+副尺与主尺重合线数×精度值。示例:读数=(34+8×0.1)mm=34.8mm
0.05	主尺1格=1mm,副尺1格=0.95mm,共20格;主尺、副尺每格之差=(1-0.95)mm=0.05mm	读数=副尺0位指示的主尺整数+副尺与主尺重合线数×精度值。示例:读数=(51+5×0.05)mm=51.25mm
0.02	主尺1格=1mm,副尺1格=0.98mm,共50格;主尺、副尺每格之差=(1-0.98)m=0.02mm	读数=副尺0位指示的主尺整数+副尺与主尺重合线数×精度值。示例:读数=(64+10×0.02)mm=64.2mm

5)注意事项

(1)检查零线。使用前应擦净卡尺,合拢卡脚,检查主尺与副尺的零线是否对齐。否则应记下误差值,以便测量后修正读数。

(2)放正卡尺。测量外圆时,卡尺应垂直于轴线;测量内圆时,应使两量爪处于直径处。

(3)用力适当。量爪与测量面接触时,用力不宜过大,以免量爪变形和磨损。

(4)视线垂直。读数时视线要对准所读刻度线并垂直尺面,以减小读数误差。

(5)防止松动。卡尺取出时,应使固定量爪紧贴零件,轻轻取出,防止活动量爪移动。

(6)勿测毛面。卡尺属精密量具,不可用于测量毛坯表面。

(7)不允许用游标卡尺测量旋转着的工件或高温工件。

(8)游标卡尺使用完后应擦净并装入盒内妥善保管。

2. 外径千分尺

1)外径千分尺的作用

外径千分尺是一种用来测量零件外部尺寸的常用精密量具。其读数精度为0.01mm。

2)外径千分尺的分类

外径千分尺的规格是按其测量范围来划分的,有0~25mm、25~50mm、50~75mm、75~100mm、100~125mm、125~150mm等。

3)外径千分尺的结构

外径千分尺的结构,如图3-3所示

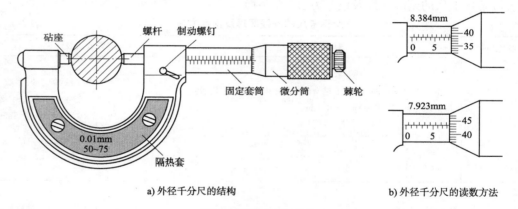

a)外径千分尺的结构　　　　　b)外径千分尺的读数方法

图3-3　外径千分尺结构

(1)组成:尺架、测砧、测微螺杆、制动螺钉、固定套筒、棘轮、隔热装置、微分筒。

(2)用途:测砧和测微螺杆的端面为测量面。棘轮用于控制测量力,以保证测量的准确性。制动螺钉是锁紧装置,用来固定测微螺杆,使之不能转动,以便在不方便读数的情况下,将千分尺从工件上取下后再读数。隔热装置是防止手拿尺架时人的体温使其温度升高而膨胀,影响测量精度。

4)外径千分尺的刻线原理及读数方法

(1)刻线原理。

在固定套筒上沿轴向刻有格距为0.5mm的刻线,固定套筒内孔是螺距为0.5mm的螺孔,与螺杆的螺纹配合,螺杆右端通过棘轮与微分筒相连,微分筒沿圆周刻有50格刻度线。当微分筒转动一周,螺杆和微分筒沿轴向移动一个螺距,即0.5mm。所以,微分筒每转过一格,轴向移动的距离为0.5mm/50=0.01mm。

(2)读数方法。

读数=微分筒所指的固定套筒上整数(应为0.5的整数倍)+固定套筒基线所指微分筒的格数×0.01。

5)注意事项

(1)擦净零件。测量前应擦净零件测量面,以减小测量误差。

(2)校零。使用前将螺杆与砧座的测量面擦净并合拢,仔细检查零点。若微分筒的零线与轴向中线未对齐,应记下误差,以便测量时修正读数。

(3)方法正确。测量时,外径千分尺螺杆轴线应与工件轴线垂直或平行。

(4)操作合理。测量时,切不可在螺杆处锁紧状态下用力卡零件,以免损坏千分尺。当测头与被测零件接近时,应停止拧动微分筒,改用拧动棘轮,当棘轮发出"嘎嘎"声,则表示压力合适,即应停止拧动。旋转制动螺钉将螺杆锁住,取出千分尺,正确读取测量数值。

(5)精心维护。千分尺只用于测量精度较高的零件,不宜测量粗糙表面。千分尺使用完后应将其放回量具盒中,严禁与硬物撞击,以免磕伤或变形。

3. 百分表及百分表架

1)百分表的作用

百分表配上百分表架可进行多种相对测量,如用来检验机床精度以及测量工件的尺寸、形状和位置误差。

2)百分表的分类

百分表按其测量杆行程可分为0~3mm、0~5mm、0~10mm三种。

3)百分表的结构

百分表的结构如图3-4所示。

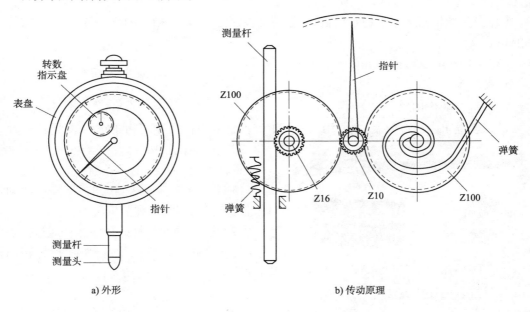

图3-4 百分表结构

(1)组成:表盘、转数指针、指针、测杆、测头等。

(2)工作原理:将测杆的直线位移,经过齿条—齿轮传动,转变为指针的角位移。

4)刻线原理及读数方法

(1)刻线原理。

表盘上刻有 100 格刻度,转数指示表盘只刻 10 格刻度。当指针(即长针)转动一格时,相当于测量头向上或向下移动 0.01mm。指针转动一周,转数指针(即短针)转动一格,相当于测量杆移动 1mm。其传动路线是:测量杆(齿杆)→齿轮 Z16 转动→左边齿轮 Z100 与 Z16 同轴转动→齿轮 Z10(即长针)转动→右边齿轮 Z100(即短针)转动。

测量杆(齿杆)和齿轮的齿距(或周节)为 0.625mm,齿轮 Z10、Z16、Z100 的齿数分别为 10、16、100。

长短针的传动关系是:长指针转动一圈→右边齿轮 Z100 转动十圈→短针转动一格,即

$$\frac{10}{100} = \frac{1}{10}$$

测量杆移动量与长指针的传动关系是:长指针转动一圈→左边齿轮 Z100 转动 $\frac{10}{100} = \frac{1}{10}$ 圈→齿轮 Z16 转 $\frac{1}{10}$ 圈→测量杆移动 $\frac{1}{10} \times 16 \times 0.625 = 1$ mm。

(2)读数方法。

在表盘上刻有刻度线,共分了 100 格,每一格表示 0.01mm。长指针转一周,短指针走一格(1mm)。

5)注意事项

(1)使用时,一般是将百分表装在与其配套的附件或支架上。

(2)测量时,应使测量杆与被测表面垂直,并使测量杆下压 1mm 的预压缩量,然后转动表盘,使表盘的零刻度线与长指针对齐,轻轻拉动、手提测量杆的测量头,将测量头拉起、放松几次,检查长指针是否准确无误地对准表的零刻度线。

(3)当长指针指示零位稳定后,再开始转动被测零件,观察指针的摆动量,以确定被测零件的精确度。

(4)不用时应及时擦净并放入盒内妥善保管。

4. 量缸表

1)量缸表的作用

量缸表也叫内径百分表,主要用来测量被修汽缸的内径尺寸,也可以用来测量轴孔。

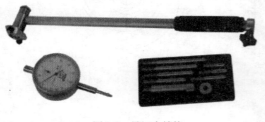

图 3-5　量缸表结构

2)量缸表的结构

量缸表的结构,如图 3-5 所示。

(1)组成:装有特殊测头的百分表、活动量杆、量杆、摆头、测杆、弹簧等。

(2)用途:活动量杆的径向运动通过摆块变成测杆的轴向运动,再通过测头使指针转动指出读数。

3)量缸表的使用方法

(1)将外径千分尺调整到被测汽缸的标准直径后,锁紧并安放在外径千分尺座上。

(2)量缸表的测量接杆上一般标明了测量范围。根据这个范围可选择相应的测量接杆,并配上锁紧螺母。

(3)将带有锁紧螺母的测量接杆旋入量缸表的下端,将百分表插入表杆的上端,并将表向下压,直到表上读数为1~2mm,因为量缸表在此范围内测量精度较高。

(4)将下端测量接杆调整到适当长度,锁紧螺母,放到外径千分尺上对表,旋转表盘,使刻度"0"对准指针,记下小指针的读数。如果小指针的读数太大,则应重新调整,使小指针在1~2mm。

(5)检查量缸表的灵活转动与回位复零情况。

(6)在测量汽缸磨损的操作时,应左右摆动量缸表,使测量接杆压缩为最短,即量缸表的读数为最小时,此读数即为测得的正确数值。

4)注意事项

(1)使用量缸表进行测量时,应一只手拿住绝热套,另一只手尽量托住表杆下部靠近表杆座的地方轻轻摆动表杆。

(2)若百分表大指针正好指在"0"处,说明被测零件的孔径(缸径)与标准尺寸相等;当百分表大指针顺时针方向转离"0"位,表明零件尺寸小于标准尺寸;反之则大于标准尺寸。

(3)通过对不同测量点进行测量后即可得出零件的圆度、圆柱度或磨损情况。

(4)不用时应及时擦净并放入盒内妥善保管。

三、检测操作要求

1. 工作台的清洁度

工作台要保持清洁。

2. 量具的正确使用

应正确使用游标卡尺、外径千分尺、量缸表。

3. 汽缸磨损测量目的及步骤

1)汽缸磨损测量目的

汽缸磨损测量的目的主要是确定汽缸磨损以后的圆度、圆柱度。

2)汽缸磨损测量的步骤

(1)如果不知道汽缸标准尺寸,可先使用游标卡尺测量汽缸轴向直径的尺寸,然后选择合适的接杆连接在量缸表的下端,其与活动测杆的总长度应与被测汽缸尺寸相适应。

(2)校正量缸表。

将外径千分尺调整到被测汽缸的标准尺寸,再将量缸表校正到千分尺的尺寸,并使伸缩杆有2mm左右的压缩行程,旋转表盘的指针对准零位。

(3)将量缸表的测杆深入到汽缸上部,测量第二道活塞环在上止点位置附近时所对应的汽缸壁直径,一般是在汽缸上部距汽缸上部平面10mm处,分别测量平行和垂直于曲轴轴线方向的磨损。

(4)将量缸表下移,测量汽缸中部和下部的磨损。测量汽缸下部磨损时,一般取距汽缸下部10mm处,同样是分别测量平行和垂直于曲轴轴线方向的磨损。

3)数据处理

(1)将汽缸的检测数据填入表3-2,分析汽缸磨损原因,得出结论,提出处理意见。

汽缸检测记录表 表3-2

机型： 标准缸径：

汽缸截面	一缸	圆度	二缸	圆度	三缸	圆度	四缸	圆度	五缸	圆度	六缸	圆度
1（上）												
2（中）												
3（下）												
圆柱度												

结论													
	圆度												
	圆柱度												
	最大磨损量												

实际缸径： 已加大 级修理尺寸

处理意见：

(2) 圆度、圆柱度计算。

圆度误差一般采用两点法测量，即同一截面相互垂直的两个方向最大直径与最小直径差的一半即为圆度误差。

圆柱度误差也可用两点法测量，并把被测汽缸任意截面、任意方向上所测得的最大直径与最小直径差值的一半作为圆柱度误差。

(3) 汽缸检验分类技术条件。

①发动机送修标志：当被测量的汽缸体有一个汽缸的圆柱度超过0.25mm（柴油机），或圆柱度未超过上述极限，而圆度误差超过0.063mm（柴油机）时，发动机就需要大修。

②若经检验，汽缸的圆度和圆柱度偏差均在允许范围内，则可考虑更换活塞环继续使用。

③多缸发动机以偏差量最大的汽缸为准，决定修理尺寸。

(4) 修理尺寸的确定。

①汽缸修理级别。

汽缸的修理级别有六级，如表3-3所示。

汽缸的修理级别（mm） 表3-3

级 别	分 类	级 别	分 类
1	0～0.25	4	0.75～1.00
2	0.25～0.50	5	1.00～1.25
3	0.50～0.75	6	1.25～1.50

②汽缸修理尺寸公式。

$$汽缸修理尺寸 = 磨损最大汽缸的最大直径 + 加工余量$$

将计算出的修理尺寸与表 3-3 中数值对照,如果计算出的修理尺寸与某一级数相近,则按照该级别修理。

(3)汽缸的修理。

汽缸的镗磨由专业人员根据送修发动机的原始尺寸、检测报告、修理级别划分来进行。

任务工单见表 3-4。

任务工单三   表 3-4

汽缸的检测		日期		总分	
		班级		组号	
		姓名		学号	
能力目标	1. 能正确使用量具; 2. 能够掌握汽缸测量的方法,并熟练应用; 3. 会通过测量数据进行计算,并确定修理级别; 4. 能够牢记安全操作规则				
设备、量具准备	汽缸、游标卡尺(各级别)、千分尺(各级别)、量缸表一套				
拆前准备	1. 安全操作规程; 2. 检测技术要求				
读取信息	柴油机名称		柴油机型号		
	缸数		冷却方式		
	缸径		汽缸类型		
	冲程数				
关键操作点	1. 检测量具的选取; 2. 量缸表的安装; 3. 检测部位的选取; 4. 计算修理级别的方法; 5. 量具的收回				
检测过程须知	1. 游标卡尺的作用 _____ 2. 游标卡尺的正确使用方法 _____ 3. 量缸表的作用 _____ 4. 千分尺的作用 _____ 5. 千分尺的正确使用方法 _____ 6. 检测部分的选取 _____ 7. 检测方法的确定 _____ 8. 圆度的计算 _____ 9. 圆柱度的计算 _____ 10. 修理级别的确定 _____				

续上表

汽缸检测步骤描述	
检测过程技术要求	
讨论与总结	
评价体系	1. 个人评价：_____ _____ _____ 2. 小组评价 (1) 任务工单的填写情况（优、良、合格、不合格）：_____ (2) 团队协作与工作态度评价：_____ (3) 质量意识和安全环保意识评价：_____ _____ 小组成员签名：_____ 3. 指导教师综合评价：_____ 指导教师签名：_____

一、汽缸体

1. 汽缸体的工作条件

1) 三高一腐蚀一不良

高温、高速、高压、有腐蚀、润滑不良。

2) 工作条件原因

(1) 汽缸是燃烧室的一部分。发动机在进行工作时,汽缸内的压力较大,温度较高,且润滑不良。

(2) 发动机在工作时,活塞运行速度较快,活塞环与汽缸壁相互之间的运行速度较快,磨损加剧。

(3) 冷却液或防冻液对汽缸有腐蚀作用,如果成分、浓度选择不当,会使腐蚀程度更严重。

2. 汽缸体的结构

汽缸体由汽缸、曲轴支承孔、曲轴箱(曲轴运动的空间)、加强筋、冷却水套、润滑油道等组成。

3. 汽缸体的功用

汽缸体是发动机各个机构和系统的装配基体,它具有保持发动机各运动件相互之间的准确位置关系的作用。

4. 汽缸体的材料

汽缸体一般采用灰铸铁、球墨铸铁或合金铸铁制造。有些发动机为了减轻重量、加强散热,而采用铝合金缸体。

5. 对汽缸体的要求

汽缸体应具有足够的强度、刚度和良好的耐热及腐蚀性等。

6. 汽缸体的分类

汽缸体与油底壳组成了曲轴运动空间,这个空间称为曲轴箱。曲轴箱的结构形式有平底式、龙门式、隧道式三种,如表3-5所示。

曲 轴 箱 结 构　　　　表3-5

结构形式	特点	优缺点	应用	图示
平底式	主轴承座孔中心线位于曲轴箱分开面上	优点是机体高度小,重量轻,结构紧凑,加工方便;缺点是刚度和强度较差。与油底壳接合面的密封较困难	中小型发动机	

续上表

结构形式	特点	优缺点	应用	图示
龙门式	主轴承座孔中心线高于曲轴箱分开面	优点是刚度较大,能承受较大的机械负荷;缺点是工艺性较差,加工较困难	大中型发动机;现代轿车发动机多为龙门式	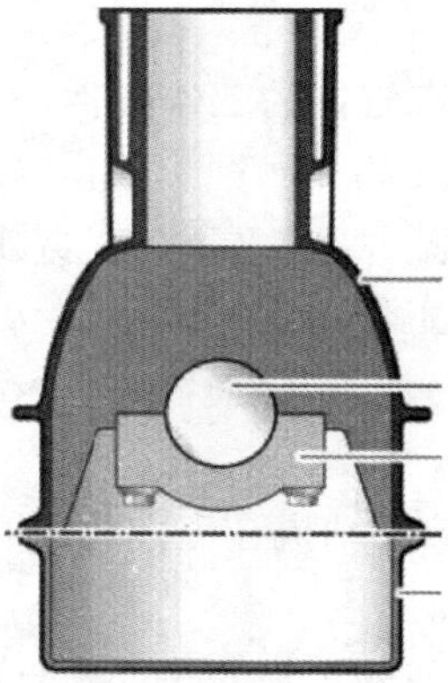
隧道式	主轴承座孔不分开	主轴承座孔不分开,采用滚动轴承,主要优点是主轴承孔的同轴度好,刚度和强度大;缺点是曲轴拆装不方便	负荷较大的柴油机	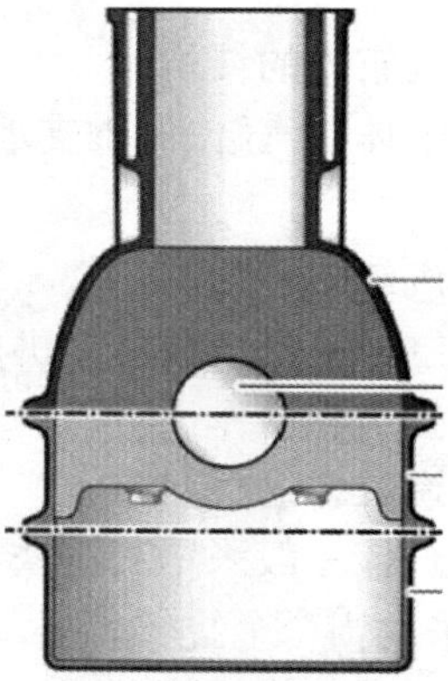

汽缸体与油底壳接合,因而汽缸体的分类是根据与油底壳安装平面位置不同而进行分类的。其分类如表3-6所示。

汽缸体的分类　　　　　　　　　表3-6

结构形式	特　点	应用	图　示
一般式(平分式)	机体高度小、重量轻、结构紧凑,便于加工拆卸;刚度和强度差	492Q汽油机,90系列柴油机	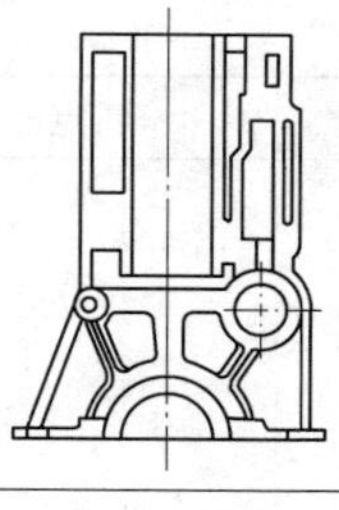
龙门式	强度和刚度较好;工艺性差、结构笨重、加工困难		
隧道式	结构紧凑、刚度和强度好;难加工、工艺性差、曲轴拆卸不方便	负荷较大的柴油机	

二、汽缸

1. 作用
汽缸是燃烧做功的场所。为了节省贵金属材料、降低成本、方便维修,现代公路工程机械广泛采用镶入缸体内的汽缸套。

2. 汽缸的排列形式
对于多缸柴油机来讲,汽缸的排列形式决定了柴油机的外形结构,对汽缸的刚度和强度也有影响,并且在一定程度上关系到工程机械的总体布置情况。

工程机械柴油机的汽缸排列形式基本上有以下三种:

1)直列式

所谓的直列式是指直列式柴油机各个汽缸排成一列,一般是垂直布置的。为了降低柴油机的高度,有时也把汽缸布置成倾斜或水平位置,如图3-6所示。

图3-6 直列式

2)V型

这种结构的柴油机缩小了机体长度和高度,增加了汽缸体的刚度,减小了柴油机的质量,同时也加大了柴油机的宽度,且形状较复杂,加工困难。一般情况下,V型缸体左右两列汽缸的夹角通常为60°或90°,而且夹角越大,柴油机的高度就越小。对于柴油机而言,一般6缸以上的柴油机都是这样布置,如图3-7所示。

3)对置式

柴油机汽缸排成两列,左右两列汽缸在同一水平面上。其优点是:大大减小了柴油机的高度,常应用在赛车上,如图3-8所示。

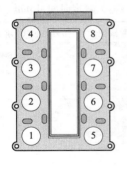

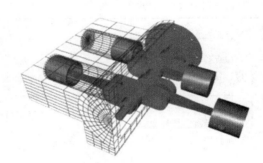

图3-7 V型　　　　　　图3-8 对置式

3. 对汽缸的要求
三耐:耐高温、耐磨损、耐腐蚀。

4. 汽缸的分类
1)整体式

(1)定义:直接在汽缸体上制出的汽缸。

(2)特点:强度、刚度好;承受载荷大;成本高。

2)镶套式

(1)定义:用耐磨的优质材料制成汽缸套,装到汽缸体内的汽缸。

（2）特点：便于修理和更换，维修成本低。

三、汽缸套

有干式汽缸套和湿式汽缸套两类。

1. 干式汽缸套

1）定义

外壁不直接与冷水接触，而和汽缸体的壁面直接接触，壁厚一般是 1~3mm。

2）特点

强度和刚度都较好，但加工比较复杂，内外表面都需要进行精加工，拆装不方便，散热不良。

2. 湿式汽缸套

1）定义

外壁直接与冷却水接触，汽缸套仅在上、下各有一圆环地带和汽缸体接触，壁厚一般为 5~9mm。

2）特点

散热良好，冷却均匀，加工容易，通常只需要精加工内表面，而与水接触的外表面不需要加工，拆装方便，但其强度、刚度不如干式汽缸套好，而且容易产生漏水现象，所以常加橡胶密封圈等防止漏水，使用和维修时应密切注意，否则将产生冷却水漏入油底壳的严重后果。

技能鉴定与考核评定

工程机械维修工职业技能鉴定操作技能考核评分记录，见表3-7。

表3-7 工程机械维修工职业技能鉴定操作技能考核评分记录表

学号：_____ 姓名：_____ 班级：_____ 成绩：_____

项目：汽缸圆度、圆柱度的检测　　　　　　　　　　规定时间：15min

序号	评分要素	配分	评分标准	考核记录	扣分	得分
1	检查各汽缸壁有无拉痕、锈蚀、砂眼及裂纹等	6	未检查扣1分			
2	选择量缸表接杆和安装量缸表	7	接杆选择错误扣0.5分，接杆固定好后与活动测杆的总长度与被测汽缸尺寸不相适应扣0.5分，完全不会操作扣1分			
3	校正量缸表的尺寸	7	误差较大的，视情况扣0.5~1分			
4	测量并作记录	40	测量部位不对扣6分；测量数据不全扣1~5分；不会测量的扣8分。			
5	圆度误差	20	视误差大小扣1~3分			
6	圆柱度误差	20	视误差大小扣1~3分			
8	合计	100				

评分人：　　　　　　　　　　　　　　　　　　　　年　月　日

汽缸测量记录,见表3-8。

汽缸测量记录表　　　　　　　　表3-8

汽缸 数据	一			二			三			四		
P位	上	中	下	上	中	下	上	中	下	上	中	下
长轴												
短轴												
圆度误差												
圆柱度误差												
修理级别												

学习任务四　活塞连杆组的装配

> **任务目标**
> 1. 能掌握活塞连杆组的装配原则，并在拆装过程中熟练应用。
> 2. 熟知拆装工具的用途及使用方法，并能熟练使用拆装工具。
> 3. 能牢记操作技能要求。

学习准备

一、活塞连杆组装配原则

1. 活塞销与活塞的装配

（1）检查活塞销和活塞销座孔的配合情况，以保证两者的装配有一定的过盈量。一般过盈量为 $3\sim20\mu m$。

（2）精确的检查方法是用内径百分表和外径千分尺分别测量活塞销座孔内径和活塞销外径。

（3）经验法检查。

①将活塞销向活塞座孔里拧，如果能拧入销孔的1/3，说明配合良好。

②如果配合过紧，装配后易使活塞变形或胀裂。此时，可用刃口较长的可调节直铰刀进行修整，以保证两活塞销座孔的同轴度和圆柱度。

③如果配合较松，工作时则会产生敲缸现象，降低使用寿命。

2. 识别活塞标记，确定活塞的正确安装方向

1）活塞环安装方向标记

常见的活塞安装方向标记有以下几种：

（1）活塞顶面上标有箭头，安装时箭头应朝向立式柴油机的前端。

（2）在活塞顶面边缘处有一个小缺口，装配时活塞顶面的小缺口应与连杆体、连杆盖上的小凸点标记装于同一侧，朝向柴油机前方。

（3）活塞销座的侧面上铸有"向前"或"向后"字样，应按字样要求进行安装。

（4）在活塞顶面有三角形标记。安装时，对于立式柴油机，三角形标记应朝向柴油机的前端；对于卧式柴油机，三角形标记应朝向上（喷油器）。

（5）当活塞顶为平面时（汽油机），裙部有膨胀槽，其膨胀槽一边应朝向（从曲轴顺时针旋转看）缸套中心线的右边。

2）活塞分组标记

（1）活塞质量分组标记。

装配时，同一台柴油机活塞的质量分组记号应相同。活塞质量分组记号是一个两位数，表示该活塞实际质量的百位数和十位数，同一台柴油机的几个活塞，必须属于同一质量组别,以保证同一台柴油机的活塞质量差不大于规定值。

(2)活塞裙部尺寸分组记号。

装配时,同一组活塞裙部尺寸分组记号应相同,并与其所配合的缸套分组记号一致。

汽缸套按标准尺寸分为4组,其分组记号标在缸套顶部断面上,选配时,活塞裙部尺寸分组记号必须与缸套的尺寸分组记号相同,才能保证缸套与活塞有正常的配合间隙。

(3)活塞销座孔直径分组尺寸记号。

装配时活塞销座孔应与同组活塞销相配。

活塞销按标准尺寸分为3组,分别用黄、绿、红颜色表示,颜色涂在活塞销的端面上,选配活塞销时,必须与活塞顶部的销孔尺寸分组记号一一对应,才能保证活塞销与活塞销座孔的配合要求。

3. 识别连杆标志,确定连杆的安装方向

(1)连杆杆身的一面有厂标,或者杆身槽内有字、凸点等记号。组装时,连杆杆身有厂标的一面(或有字、凸点)要朝向活塞上的箭头。当连杆随活塞装入汽缸内时,要使这些有记号的一面朝向柴油机的前方。

(2)在连杆杆身和连杆盖剖分面的同一侧做有配对记号。因连杆盖和杆身是配对加工的,所以装配时必须按照配对记号装合。

(3)对于多缸柴油机,连杆大头上往往还标有缸序号标记,拆装时应按"对号入座"的规则进行。

(4)对于多缸柴油机,连杆有质量分组标记,用数字表示连杆质量,一般是做在连杆大端的一侧。装配时应选择具有同一质量分组标记的连杆。

(5)连杆是斜剖分的,连杆螺栓应朝向曲轴箱上开窗口的一侧。

4. 组装活塞与连杆

(1)先把活塞与活塞销、活塞销与连杆按配合尺寸分组,等活塞和缸套的配合间隙准确后,再按汽缸顺序排好。

(2)仔细检查活塞与连杆的装配方向。

(3)准备好润滑油、手锤、引导销等修理用品。将活塞在润滑油或水中加热到 90~100℃,使销孔膨胀,然后将涂上润滑油的活塞销迅速准确地推入活塞销座孔和连杆铜套孔中。活塞销应在座孔中间位置,即活塞销座孔两端漏出锁环环槽。为了防止活塞变形,最好将活塞连杆组反向插入汽缸内,使其自然冷却。

(4)装上活塞销锁环,用螺丝刀拨转锁环,在槽内转动一圈,以确认锁环装入环槽。然后用厚薄规测量锁环和活塞销端面间隙,其值应为 0.10~0.25mm,最后检测连杆小端,确保其沿着活塞销轴向有一定的移动量。

(5)检查活塞连杆组的偏斜情况。

活塞连杆组装后,最好将其放在连杆校正器上检查其垂直度。当裙部上、下端的某一端贴紧检验器平板时,另一端与平板间的间隙值一般不应超出 0.07~0.09mm。如果超出此值,应将组合件拆卸,并分别对零件进行检查和校正。

5. 识别活塞环上的标志,正确安装活塞环

安装活塞环时要注意方向、位置和开口角度,如果装反会引起汽缸密封不严、漏气、大量润滑油窜烧等故障。

1)活塞环的标记

常见的活塞环标记位置是标在靠近环的开口端面上,标记有以下几种:"上""下""o""TOP""STD""NH""UP"等。把活塞环套入活塞环槽时,环口有标记的一面应朝上,即朝向活塞顶面。

2) 活塞环的安装方向和位置

(1) 除了镀铬环、桶面环、矩形环及普通油环之外,其余的活塞环安装时均有方向性,有正反面之分。

(2) 镀铬环、矩形环或镀铬桶面环、桶形环装在第一道环槽。

(3) 扭曲环、锥面环、梯形环等装在第二、三道环槽。

(4) 带内切口的活塞环,其内切口应朝向活塞顶面,而带外切口的活塞环,其外切口应朝向活塞裙部。

(5) 锥形环或微锥形环锥面(小头)和倒角环、倒角面应朝向活塞顶燃烧室。

(6) 凡气环上有安装标记的,安装时应使标记朝向活塞顶面。

(7) 普通油环没有正反面,而倒角油环外圆有倒角,安装时倒角应朝向活塞顶面。

3) 活塞环的安装角度

(1) 活塞环随活塞连杆组装入汽缸时,相邻两气环的开口不得重合,应相互错开90°~120°(或180°),并要求活塞环的开口不能正对活塞销方向和侧压力大的方向。

(2) 对油环的开口一般没有严格的位置要求,但其开口不能与气环重合,也最好不要与活塞销平行或垂直。组合式油环的钢片的开口也应错开。

4) 活塞环的安装方法

方法一:把活塞环套入活塞环槽时,使用专用工具——活塞环卡钳。这种安装方法可避免出现活塞环折断的现象。

方法二:在没有专用工具的情况下,用两块长方形布条各自对叠起来,将对叠处套在活塞环开口两端。用两手分别捏住套在活塞环开口两端的布条,然后轻轻外拉,活塞环开口即慢慢张开,将活塞环套入活塞环槽。这种方法可方便地安装活塞环,并能防止出现断环现象。

方法三:取两段长约15mm的包皮导线,系成两圆环,分别套在两拇指上,再挂在活塞环的开口端面处,两中指抵在活塞环外圆的适当位置,拇指均匀用力外拉,便可将环套上活塞并装入环槽。

方法四:用3片钢片(宽约8mm)插入活塞环与活塞之间,将活塞环微微张开口,然后引导环进入环槽。

需要指出的是,用上述几种方法同样也能把装在活塞环槽上的活塞环拆卸下来。

6. 活塞连杆组装入汽缸

(1) 准备好活塞环箍(铁皮夹圈)、手锤、扭力扳手和润滑油等。

(2) 清洁活塞连杆组,擦净曲轴连杆轴颈和汽缸套,并在活塞环、汽缸套、连杆轴颈、轴瓦处均匀涂抹一层润滑油。

(3) 将曲轴连杆轴颈转至上止点。

(4) 拨转活塞环开口。

(5) 将活塞连杆组件放进汽缸套,注意活塞连杆组的方向。

(6) 用活塞环箍压紧活塞环后,用手锤上的木柄轻敲活塞顶部,将活塞推入汽缸,使连杆大端抱住连杆轴颈,并听到接触的撞击声。然后一边转动曲轴一边推活塞,直至其位于下止点位置。安装时注意连杆轴瓦不要脱落,若掉进油底壳要取出重新插入连杆大端,使轴瓦定位凸键位置正确,瓦背与连杆要贴合。

(7)安装连杆盖时,注意连杆盖的记号要与连杆大端记号在同侧,按照规定的力矩拧紧连杆螺栓。最好摇转曲轴2~3圈,保证其转动灵活自如。

(8)按照上述步骤,安装其余各缸活塞连杆组。

(9)最后锁紧连杆螺栓。

二、装配工量具的使用

1. 内径百分表

其使用方法见学习任务三中"量具的使用——量缸表"。

2. 外径千分尺

其使用方法见学习任务三中"量具的使用——外径千分尺"的使用。

3. 活塞环卡钳

活塞环卡钳是一种专门用于拆装活塞环的工具。维修发动机时,必须使用活塞卡钳拆装活塞环。

使用活塞环卡钳时,将卡钳上的环卡卡住活塞环开口,握住手柄稍稍均匀地用力,使卡钳手柄慢慢地收缩,环卡将活塞环徐徐地张开,使活塞环能从活塞环槽中取出或装入,如图4-1所示。

使用活塞环卡钳拆装活塞环时,用力必须均匀,避免用力过猛而导致活塞环折断,同时能避免伤手事故。

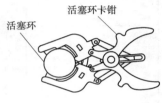

图4-1 活塞环卡钳拆装活塞环

4. 手锤

其使用方法见学习任务一中"通用工具及使用——手锤"。

三、装配操作要求

(1)保证操作安全,严格按照操作规则进行。

(2)保证清洁到位。

(3)保证零件的可用性。

(4)保证活塞销与活塞之间的过盈量要适当。

(5)保证活塞安装方向正确。

(6)保证连杆安装方向正确。

(7)按照正确的方法进行活塞连杆组的组装。

(8)确保活塞环的安装方向和安装角度正确。

(9)确保连杆螺栓的拧紧力矩符合要求。

任务工单见表4-1。

表4-1

任务工单四					
活塞连杆组拆装		日期		总分	
		班级		组号	
		姓名		学号	
能力目标	1.能正确使用工具; 2.能够掌握活塞连杆组拆装的方法,并熟练应用; 3.会正确安装活塞环; 4.能够牢记安全操作规则				

续上表

设备、量具工具准备	活塞环卡钳、榔头、世达工具、活塞连杆组、旧布、汽油、辅助设备			
拆前预警	1. 安全操作规程； 2. 检测技术要求			
读取信息	柴油机名称		柴油机型号	
	缸数		冷却方式	
	缸径		汽缸类型	
	冲程数			
关键操作点	1. 拆装工具的选取及正确使用； 2. 专用工具的正确使用； 3. 加热部位的选取； 4. 安装原理的分析； 5. 设备、工具的整理与回收			
检测过程须知	1. 活塞环拆装专用工具的作用：_____ 2. 活塞销与活塞销座孔的配合关系是：_____ 3. 活塞连杆组主要由 _____组成。 4. 活塞销与活塞销座孔配合关系，采用经验法检查步骤是： (1) _____ (2) _____ (3) _____ 5. 活塞安装方向标记有以下几种： (1) _____ (2) _____ (3) _____ 6. 活塞分组标记原则：_____ 7. 活塞裙部尺寸分组标记原则：_____ 8. 活塞销座孔直径分组尺寸标记原则：_____ 9. 连杆安装方向的确定原则 (1)杆身有厂标的：_____ (2)杆身和连杆盖剖分面的同一侧有配对记号的：_____ (3)连杆大头上有缸序号标记的：_____ (4)连杆有质量分组标记的,装配时_____			

续上表

	(5)连杆是斜剖的,连杆螺栓应_____ _____ 10.安装活塞环时,环口有标记的一面应_____ 11.扭曲环安装方向的确定:_____ _____ 12.活塞环安装角度的确定:_____ _____ _____ _____ _____ _____
活塞连杆组拆装步骤概括性描述	1.拆卸过程: (1)_____ (2)_____ (3)_____ (4)_____ (5)_____ (6)_____ 2.安装过程: (1)_____ (2)_____ (3)_____ (4)_____ (5)_____ (6)_____ (7)_____
小组讨论与总结	
评价体系	1.个人评价:_____ _____ _____ _____ 2.小组评价 (1)任务工单的填写情况(优、良、合格、不合格):_____ (2)团队协作与工作态度评价:_____ (3)质量意识和安全环保意识评价:_____ 小组成员签名:_____ _____ _____ 3.指导教师综合评价:_____ 指导教师签名:_____

45

知识要点

活塞连杆组的结构

活塞连杆组是曲柄连杆机构的三大组件之一,主要包括活塞、连杆、活塞销、活塞环等。其结构如图4-2所示。

一、活塞

1. 功用与工作条件

1)功用

活塞用来封闭汽缸,并与汽缸盖、汽缸壁共同构成燃烧室,承受汽缸中气体压力并通过活塞销和连杆传给曲轴。

2)工作条件

高温:600~700K。

高压:5~9MPa。

高速:4000~6000r/min。

3)要求

活塞应有足够的强度和刚度,质量尽可能小,导热性要好,要有良好的耐热性、耐磨性,温度变化时,尺寸及形状的变化要小。

4)材料

铝合金,有的用高级铸铁或耐热钢。

2. 活塞的结构

活塞的基本结构可分为顶部、头部和裙部三个部分,如图4-3所示。

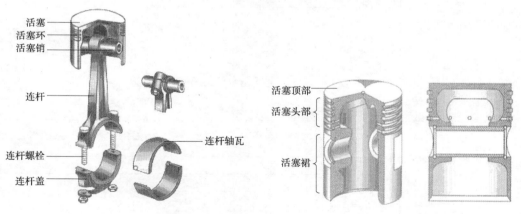

图4-2 活塞连杆组件　　　　　图4-3 活塞的结构

1)活塞顶部

活塞顶部是燃烧室的组成部分,用来承受气体压力。

根据活塞顶部不同可分为平顶活塞、凸顶活塞、凹顶活塞、成型顶活塞,如图4-4所示。

平顶活塞顶部是一个平面,结构简单,制造容易,受热面积小,顶部应力分布较为均匀,一般用在汽油机上,柴油机很少采用。

凸顶活塞的顶部凸起,起导向作用,有利于改善换气过程。二冲程汽油机常采用凸顶

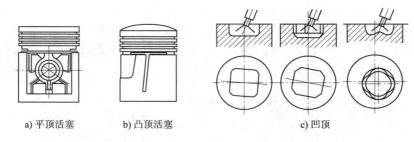

a) 平顶活塞　　b) 凸顶活塞　　c) 凹顶

图 4-4　活塞顶部形状

活塞。

凹顶活塞顶部呈凹陷形,凹坑的形状和位置必须有利于可燃混合气的形成和燃烧。凹顶的大小还可以用来调节发动机的压缩比。凹顶通常有方形凹坑、ω 形凹坑、双涡流凹坑、球形凹坑等。

有些活塞顶打有各种记号,如图 4-5 所示,用以显示活塞及活塞销的安装和选配要求,应严格按要求进行。

2)活塞头部(防漏部)

活塞头部指第一道活塞环槽到活塞销孔以上的部分。它有数道环槽,用以安装活塞环。为了提高第一道环槽的耐热和耐磨性,有的在第一道环槽部位铸入耐热合金钢护圈。

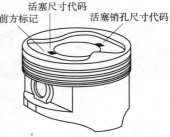

图 4-5　活塞顶部记号

3)活塞裙部

活塞裙部指从油环槽下端面起至活塞最下端的部分。活塞裙部对活塞在汽缸内的往复运动起导向作用,并承受气体侧压力。

为了使活塞在正常工作温度下与汽缸壁保持比较均匀的间隙,以免在汽缸内卡死或加大局部磨损,必须在冷态下预先把活塞裙部加工成不同的形状,如图 4-6 所示。

a) 裙部椭圆　　b) 锥形　　c) 阶梯形　　d) 桶形

图 4-6　活塞裙部结构之一

(1)预先将活塞裙部加工成椭圆形,椭圆的长轴方向与销座垂直。

(2)预先将活塞裙部做成锥形、阶梯形或桶形。

(3)预先在活塞裙部开槽(图 4-7a)。在裙部开横向的隔热槽,可以减小活塞裙部的受热量;在裙部开纵向膨胀槽,可以补偿裙部受热后的变形量。槽的形状有 T 形或 Π 形。裙部开竖槽后,会使其开槽的一侧刚度变小,在装配时应使其位于做功行程中承受侧压力较小的一侧。通常柴油机活塞受力大,裙部一般不开槽。

(4)拖板式活塞(图 4-7b)。在许多高速汽油机上,为了减轻活塞重量,把裙部不受侧压力的两边切去一部分或开孔,以减小惯性力,减小销座附近的热变形量,称拖板式活塞。该结构活塞的裙部弹性好、质量小,活塞与汽缸的配合间隙较小。

(5)裙部铸恒范钢(图4-7c)。为了减小铝合金活塞裙部的热膨胀量,有些汽油机活塞在活塞裙部或销座内铸入热膨胀系数低的恒范钢片。恒范钢为低碳铁镍合金,其膨胀系数仅为铝合金的1/10,而销座通过恒范钢片与裙部相连,牵制了裙部的热膨胀变形量。

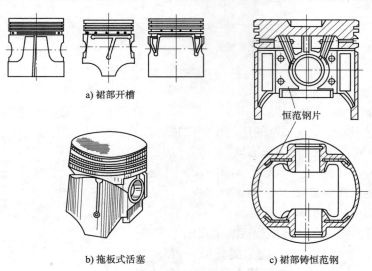

图4-7 活塞裙部结构之二

(6)活塞销孔偏置结构(图4-8)。有些高速汽油机的活塞销孔中心线偏离活塞中心线平面,向做功行程中受侧压力的一方偏移了1~2mm。这种结构可使活塞在压缩行程到做功行程中较为柔和地从压向汽缸的一面过渡到压向汽缸的另一面,以减小敲缸的声音。在安装时要注意,活塞销偏置的方向不能装反,否则换向后敲击力会增大,使裙部受损。

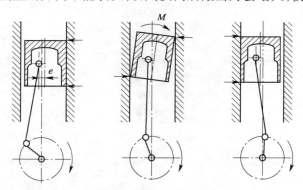

图4-8 活塞销孔偏置结构
e-偏移量

二、活塞环

1.功用与工作条件

活塞环按其主要功用可分为气环和油环两类。

1)功用

(1)气环的功用是保证活塞与汽缸壁间的密封,防止汽缸中的气体窜入曲轴箱;同时,还将活塞头部的热量传给汽缸,再由冷却水或空气带走;另外,还起到刮油、布油的辅助作用。

(2)油环的功用是用来将汽缸壁上多余的机油刮回油底壳,并在汽缸壁上均匀地布油。这样既可以防止机油窜入燃烧室,又可以减小活塞、活塞环与汽缸的摩擦力和磨损。此外,油环也兼起密封作用。

2)工作条件

高温、高压、高速、润滑困难。

3)要求

活塞的材料应有良好的耐热性、导热性、耐磨性、磨合性、韧性和足够的强度及弹性等。

2. 活塞环的结构

1)气环

(1)气环的密封原理(图4-9)。

气环开有切口,具有弹性,在自由状态下外径大于汽缸直径,它与活塞一起装入汽缸后,外表面紧贴在汽缸壁上,形成第一密封面;被封闭的气体不能通过环周与汽缸之间,便进入了环与环槽的空隙,一方面把环压到环槽端面形成第二密封面,另一方面,作用在环背的气体压力又大大加强了第一密封面的密封作用。

汽油机一般采用2道气环,柴油机一般采用3道气环。

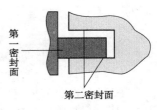

图4-9 气环密封原理

(2)活塞环的泵油作用。

由于侧隙和背隙的存在,当发动机工作时,活塞环便产生了泵油作用。其原理是:活塞下行时,环靠在环槽的上方,环从缸壁上刮下来的润滑油充入环槽下方;当活塞上行时,环又靠在环槽的下方,同时将机油挤压到环槽上方。

(3)气环的断面形状。

气环的断面形状很多,常见的有矩形环、扭曲环、锥面环、梯形环和桶面环(图4-10)。

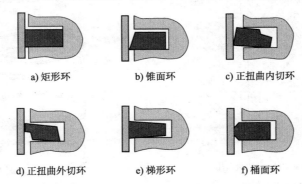

图4-10 气环的断面形状

①矩形环:其断面为矩形,结构简单,制造方便,易于生产,应用最广。但矩形环随活塞往复运动时,会把汽缸壁面上的机油不断送入汽缸中(图4-11)。这种现象称为"气环的泵油作用"。

②锥面环(图4-10b):其断面呈锥形,外圆工作面上加工一个很小的锥面(0.5°~1.5°),减小了环与汽缸壁的接触面,提高了表面接触压力,有利于磨合和密封。活塞下行时,便于刮油;活塞上行时,由于锥面的"油楔"作用,能在油膜上"飘浮"过去,减小磨损,安装时,不能装反,否则会引起机油上窜。

③扭曲环(图4-10c、d):扭曲环是在矩形环的内圆上边缘或外圆下边缘切去一部分,使断面呈不对称形状,在环的内圆部分切槽或倒角的称内切环,在环的外圆部分切槽或倒角的

称外切环。装入汽缸后,由于断面不对称,外侧作用力合力 F_1(图 4-12b)与内侧作用力合力 F_2 之间有一力臂 e,产生了扭曲力矩,使活塞环发生扭曲变形。活塞上行时,扭曲环在残余油膜上"浮过",可以减小摩擦和磨损。活塞下行时,则有刮油效果,避免机油上窜。同时,由于扭曲环在环槽中上、下跳动的行程缩短,可以减轻"泵油"的副作用。目前,被广泛应用于第 2 道活塞环槽上,安装时必须注意断面形状和方向,内切口朝上,外切口朝下,不能装反。

④梯形环(图 4-10e):其断面呈梯形,工作时,梯形环在压缩行程和做功行程随着活塞受侧压力的方向不同而不断地改变位置,这样会把沉积在环槽中的积炭挤出去,避免了环被粘在环槽中而折断。可以延长环的使用寿命。缺点是加工困难,精度要求高。

⑤桶面环(图 4-10f):桶面环的外圆为凸圆弧形。当桶面环上下运动时,均能与汽缸壁形成楔形空间,使机油容易进入摩擦面,减小磨损。由于它与汽缸呈圆弧接触,故对汽缸表面的适应性和对活塞偏摆的适应性均较好,有利于密封,但凸圆弧表面加工较困难。

2)油环

油环有普通油环和组合油环两种(图 4-13)。

(1)普通油环。

(2)组合式油环。

它由上下数片刮油钢片与中间的扩张器组成。扩张器由轴向衬环和径向衬环组成,轴向衬环产生轴向弹力,径向衬环产生径向弹力,使刮油钢片紧紧压向汽缸壁和活塞环槽。刮油钢片 1 表面镀铬,很薄,对汽缸的比压力大,刮油效果好;而且数片刮油钢片彼此独立,对汽缸壁面适应性好;回油通路大,重量轻。近年来,公路工程机械发动机上越来越多地采用了组合式油环。缺点主要是制造成本高。

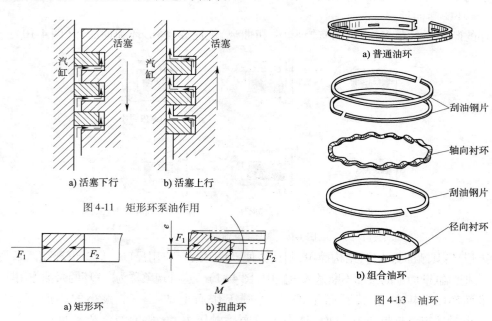

图 4-11 矩形环泵油作用
a) 活塞下行 b) 活塞上行

图 4-12 扭曲环作用原理
a) 矩形环 b) 扭曲环

图 4-13 油环
a) 普通油环 b) 组合油环

三、活塞销

1. 功用

连接活塞与连杆小头将活塞承受的气体作用力传给连杆。

2. 材料

活塞销一般用低碳钢或低碳合金钢制造,先经表面渗碳处理,以提高表面硬度,并保证心部具有一定的冲击韧性;然后进行精磨和抛光。

3. 活塞销与活塞销座孔和连杆小头的连接方式

一般有以下两种形式:

1)全浮式(图4-14a)

当发动机工作时,活塞销、连杆小头和活塞销座都有相对运动,以使磨损均匀。活塞销两端装有卡环5,进行轴向定位。由于铝活塞热膨胀量比钢大,为了保证高温工作时活塞销与活塞销座孔有正常间隙(0.01~0.02mm),在冷态时为过渡配合,装配时,应先把铝活塞加热到一定程度,再把活塞销装入。

2)半浮式(图4-14b)

活塞中部与连杆小头采用紧固螺栓连接,活塞销只能在两端销座内做自由摆动,而和连杆小头没有相对运动。活塞销不会做轴向窜动,不需要卡环,小轿车上应用较多。

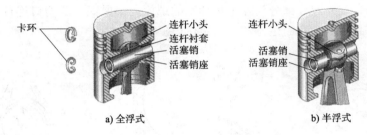

图4-14 活塞销的连接方式

四、连杆

1. 组成与功用

1)组成

连杆组件由杆身、连杆盖、连杆螺栓和连杆轴承等部分组成。

2)功用

将活塞承受的力传给曲轴,使活塞的往复运动转变为曲轴的旋转运动。

3)工作条件

受到压缩、拉伸和弯曲等交变载荷。

4)要求

在质量尽可能小的条件下有足够的刚度和强度。

5)材料

中碳钢或中碳合金钢经模锻或辊锻而成。然后进行机加工或热处理。

2. 连杆的结构

连杆由小头、杆身和大头(包括连杆盖)三部分组成。

1)连杆小头

连杆衬套(青铜)(半浮式活塞销没有)。

2)连杆杆身

工字形断面,抗弯强度好,重量轻,大圆弧过渡,且上小下大,采用压力法润滑的连杆,杆身中部制有连通大、小头的油道。

连杆大头的切口形式分为平切口和斜切口两种。

3）连杆大头

有整体式和分开式两种。一般都采用分开式，分开式又分为平分和斜分两种。

（1）平分。分面与连杆杆身轴线垂直，汽油机多采用这种连杆。因为一般汽油机连杆大头的横向尺寸都小于汽缸直径，可以方便地通过汽缸进行拆装。

（2）斜分。分面与连杆杆身轴线呈30°~60°夹角。柴油机多采用这种连杆。因为柴油机压缩比大，受力较大，曲轴的连杆轴颈较粗，相应的连杆大头尺寸往往超过了汽缸直径，为了使连杆大头能通过汽缸，便于拆装，一般都采用斜切口。斜切口的连杆盖安装时应注意方向。

连杆盖与连杆的定位：把连杆大头分开可取下的部分叫连杆盖，连杆与连杆盖配对加工，加工后，在它们同一侧打上配对记号3，安装时不得互相调换或变更方向。为此，在结构上采取了定位措施。平切口连杆盖与连杆的定位多采用连杆螺栓定位，利用连杆螺栓中部精加工的圆柱凸台或光圆柱部分与经过精加工的螺栓孔来保证。斜切口连杆常用的定位方法有锯齿定位、圆销定位、套筒定位和止口定位（图4-15）。

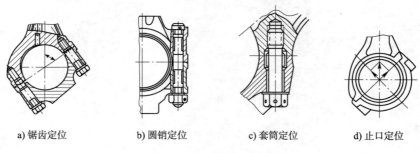

a) 锯齿定位　　b) 圆销定位　　c) 套筒定位　　d) 止口定位

图4-15　分开式连杆大头定位方法

3. 连杆螺栓及其锁止

连杆螺栓：采用优质合金钢，并经精加工和热处理特制而成，损坏后绝不能用其他螺栓来代替。安装连杆盖拧紧连杆螺栓螺母时，要用扭力扳手分2~3次交替均匀地拧紧到规定的力矩，拧紧后还应可靠地锁紧。

连杆大头在安装时，必须紧固可靠。连杆螺栓必须按原厂规定的力矩，分2~3次均匀地拧紧。为了可靠起见，还必须采用锁止装置，如防松胶、开口销、双螺母、自锁螺母及其螺纹表面镀铜等，以防工作时自动松动。

五、连杆轴瓦（图4-16）

分上、下两个半片。瓦上制有定位凸键。

轴瓦材料目前多采用薄壁钢背轴瓦，在其内表面浇铸有耐磨合金层。耐磨合金层具有质软，容易保持油膜，磨合性好，摩擦阻力小，不易磨损等特点。耐磨合金常采用的有巴氏合金、铜铝合金和高锡铝合金。

V型发动机叉形连杆有如下三种形式（图4-17）：

（1）并列式：相对应的左右两缸连杆并列安装在同一连杆轴颈上。

（2）主副式：一列汽缸为主连杆，直接安装在连杆轴颈上；另一列连杆为副连杆，铰接在主连杆大头(或连杆盖)上的两个凸耳之间。

(3)叉式:左右对应的两列汽缸连杆中,一个连杆大头做成叉形,跨于另一个连杆厚度较小的大头两端。

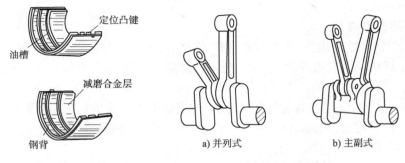

图 4-16　连杆轴瓦　　　　图 4-17　叉形连杆

六、活塞连杆组的检修

在发动机大修过程中,活塞、活塞环和活塞销等是作为易损件更换的,这些零件的选配是一项重要的工艺技术措施。所谓选配,即不完全互换性,就是以较大的公差加工零件,通过分组选用来得到较高配合精度的工艺。

1. 活塞的选配

主要是裙部直径、活塞环槽高度和活塞销座孔尺寸的测量。

(1)活塞裙部直径的检测可采用两种方法:一种方法是用千分尺测量活塞裙部规定的测量位置。将在此位置测得的数据与汽缸磨损最大部位的测量值相减,并用所得差值与配缸间隙值相比较,即可确定该活塞可否使用。另一种是采用测量配缸间隙的方法来确定活塞可否使用。将活塞倒置于相关的汽缸中,销座孔平行于曲轴方向,在活塞受侧压力最大的一面,用厚薄规(宽 13mm、长 200mm)垂直插入汽缸壁与活塞裙部之间(与活塞一起放入)。以 30N 的力能拉动(感觉有轻微阻力时)为合适。康明斯 B 系列发动机的活塞配缸间隙为:0.113～0.167mm。

(2)活塞环槽的测量。安装气环的环槽,用标准气环装入其内,用厚薄规测量其侧隙,即可确定其是否符合要求。康明斯 B 系列发动机的第一道活塞环为梯形环,在测量梯形环槽时,要把活塞装入清洁的汽缸中,并使环的一半压在缸套内、一半露在外部,将厚薄规插入侧隙测量,如果测得的值大于规定的极限值,则表明环槽磨损过多。油环槽和销座孔的测量可用千分尺直接测量。对于因磨损过多而超过装配间隙极限值的活塞,应选用新活塞进行更换。

2. 活塞环的选配(见学习任务五)

(1)活塞环的弹力检验。

(2)活塞环的漏光度检验。

(3)活塞环"三隙"的检验。

3. 活塞销的选配

发动机大修时,一般应选择标准尺寸的活塞销(有的车型设有修理尺寸),以便为小修留有余地。

选配活塞销的原则是:同一台发动机应选用同一厂牌、同一尺寸的成组活塞销;活塞销表面应无任何锈蚀和斑点;质量差在10g范围内。

全浮式活塞销与活塞销座的配合,在常温下应有微量的过盈(即活塞销不能在座孔内转动);当活塞处于75~80℃时,又有微量的间隙,使活塞销能在座孔内转动,但无间隙感觉。其接触面应在75%以上。

4. 连杆组的检测

(1)分解、清洗连杆组件,认真检查连杆体、连杆盖、连杆衬套以及连杆轴瓦,如有损伤或损坏,必须予以更换。有条件时,应对连杆体进行探伤处理,如有裂纹或其他损伤时,应该予以更换。

(2)连杆衬套不得有松动。内孔有划痕、损伤或磨损严重的,必须予以更换。对于增压柴油机,要求换装内孔留有加工余量的半成品衬套,压入后精确铰制内孔至标准尺寸。对于非增压柴油机,可以更换成品连杆衬套,压入后不用加工。

(3)连杆大、小端(带衬套)中心孔的平行度和扭曲度偏差在100mm长度内不得大于0.08mm。超过时必须对连杆进行校对。否则,予以更换。

(4)连杆轴瓦磨损超限后,可以根据曲轴修复等级进行选配,选配时必须保证连杆轴瓦与曲轴连杆颈的配合间隙。

技能鉴定与考核评定

工程机械维修工职业技能鉴定操作技能考核评分记录表,见表4-2。

工程机械维修工职业技能鉴定操作技能考核评分记录表　　　表4-2

学号:_____ 姓名:_____ 班级:_____ 成绩:_____

项目:活塞连杆组的装配　　　　　　　　　　　　　　规定时间:30min

序号	项目	评分要素	配分	评分标准	得分
1	准备工作	备妥待活塞连杆及拆装工具等	20	未备齐或备错视情况扣2~6分	
2	零件的检测及装配	(1)调整前的准备检查; (2)活塞的检验; (3)活塞销的检验; (4)连杆的检验; (5)装配工艺要求	60	(1)漏检每项扣10分; (2)结合实物,讲不清楚的每项扣5分; (3)边讲边示范,不熟练扣5分; (4)装配工艺方法不正确,视情况扣10~20分	
3	工量具使用	应能正确安装、校验和使用工量具	20	(1)不能正确调整、校验和使用测量工具,视情况扣5~10分; (2)不能正确使用工量具,视情况扣5~10分	
4	总计		100		

注:测量工具坠地结束考试。

评分人:　　　　　　　　　　　　　　　　　　　　　　　　年　月　日

学习任务五　活塞环装配检测

任务目标

1. 能掌握活塞环装配检测内容,并能熟练应用。
2. 熟知检测工具的用途及使用方法,并能熟练使用检测工具。
3. 能牢记操作技能要求。

学习准备

一、装配检测原则

(1)确保清洁。
(2)严格进行活塞环装配前的检测,认真处理检测结果。
①活塞环弹力的检测。
②活塞环漏光度的检测。
③活塞环"三隙"的检测。
(3)确保安全。
①人身安全。
②环境安全。
③设备安全。
④财产安全。

二、工量具的使用

1. 弹力检测仪

弹力检测仪是检测活塞环弹力的专用仪器。在检测时,要时刻注意量块的移动量和活塞环开口间隙的间隙值。

2. 遮光板

遮光板是用来检测活塞环漏光度的量具之一。在使用过程中,要注意漏光范围与漏光板之间的刻度值相对应。

3. 游标卡尺

游标卡尺的使用方法见学习任务三中"量具的使用——游标卡尺的使用"。

4. 厚薄规

厚薄规又名塞尺,如图5-1所示,主要用来测量两平面之间的间隙。厚薄规由多片不同厚度的钢片组成,每片钢片的表面刻有表示其厚度的尺寸值。厚薄规的规格以长度和每组片数来表示,常见的长度有100mm、150mm、200mm、300mm四种,每组片数有2~17等多种。

在车辆维修中,厚薄规常用来测量零件之间的配合间隙,如气门间隙、曲轴轴向间隙等。

三、检测操作要求

1. 活塞环弹力的检测

1）使用弹力检测仪进行检测

在弹力检测仪上进行检测时,把活塞环放在弹力检测仪上,使活塞环的开口处于水平位置,移动检验仪上的量块,把活塞的开口间隙压缩到标准值,观察秤杆上的质量,应符合技术要求。

2）开口试验

开口试验是:用适当的力压缩活塞环,使活塞环的开口两端相碰(或把活塞环的开口张开,扩大为原开口的一倍),然后放松,若弹性好不变形,则说明该活塞环的弹力合格;若该活塞环塑性变形量大于原开口的15%,则说明该活塞环为劣质产品,不能使用。

3）扭转试验

扭转试验是:用力将活塞环的开口两端错开一段距离,放松后,如果能自动还原,则说明该活塞环的弹力良好,可以使用。检查时注意不用用力过猛,变形也不要过大,否则容易使活塞环折断。

4）新旧活塞环对比法

将被测活塞环和新活塞环直立在一起,活塞环环口向侧面且处于水平位置,用手从上面往下压。如果被测活塞环的环口端面已经闭合接触,而新活塞环环口端面还有一段距离(或有一定间隙),则说明被测活塞环弹力已经减弱。两者的开口间隙差别越大,说明被测的活塞环的弹力越弱。

2. 活塞环漏光度的检测

将被测的活塞环平放在标准的汽缸套内,在缸套孔内底部装上灯头,把遮光板盖在活塞环上,接通电路,观察活塞环与缸壁之间的漏光缝隙,如图5-2所示。

一般情况下,柴油机活塞环漏光度的要求是:整个圆周上的漏光处不得超过两处;距离活塞环的开口两侧30°范围内不允许有漏光;漏光处的光隙宽度不得超过0.03mm,光隙弧长所对的圆心角不得超过30°。

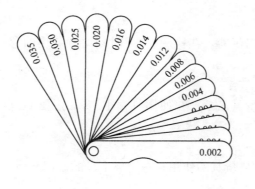

图5-1 厚薄规

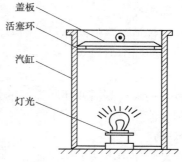

图5-2 活塞环漏光度的检查

3. 活塞环"三隙"的检测

活塞环的"三隙"指的是:开口间隙(也叫端隙)、侧隙、背隙。

1)开口间隙的检测

首先,将活塞环放到汽缸中,用活塞顶将活塞环推平,如图 5-3 所示。用厚薄规插入活塞环开口处进行测量,如果端隙大于规定值,则应重新选配;如果端隙小于规定值时,可用平锉在开口处的一个端面上锉削,边锉边量,锉削后,端口应平整、无毛刺。

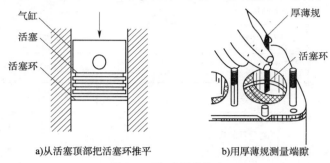

a)从活塞顶部把活塞环推平　　　b)用厚薄规测量端隙

图 5-3　开口间隙的检查

2)侧隙的检测

活塞环侧隙是指活塞环与环槽的间隙,用厚薄规检查活塞环侧隙,新活塞环侧隙应为 0.02~0.05mm,磨损极限值为 0.15mm,如图 5-4 所示。

3)背隙的检测

活塞环背隙是指活塞环内圆柱面与活塞环槽底部的间隙。为测量方便,通常是将活塞环装入活塞环槽内,以环槽深度与活塞环径向厚度的差值来衡量。测量时,将环落入环槽底,再用深度游标卡尺测出环外圆柱面沉入环岸的数值,该数值一般为 0.10~0.35mm,如图 5-5 所示。

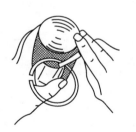　　

图 5-4　侧隙的检查　　　　图 5-5　背隙的检查

任务工单见表 5-1。

任 务 工 单 五　　　　　　　　表 5-1

活塞环检测		日期		总分	
		班级		组号	
		姓名		学号	
能力目标	1.能正确使用量具; 2.能够掌握活塞环测量的方法,并熟练应用; 3.会通过测量数据进行分析; 4.能够牢记安全操作规则				
设备、量具具准备	汽缸、游标卡尺(各级别)、厚薄规、活塞连杆组、活塞环				

续上表

拆前准备	1.安全操作规程； 2.检测技术要求
读取信息	<table><tr><td>柴油机名称</td><td></td><td>柴油机型号</td><td></td></tr><tr><td>缸数</td><td></td><td>冷却方式</td><td></td></tr><tr><td>缸径</td><td></td><td>汽缸类型</td><td></td></tr><tr><td>冲程数</td><td colspan="3"></td></tr></table>
关键操作点	1.检测量具的选取； 2.量具的正确使用； 3.检测部位的选取； 4.测量数据的分析； 5.量具的整理与回收
检测过程须知	1.游标卡尺的作用：_____ 2.游标卡尺的正确使用方法：_____ _____ 3.厚薄规的作用：_____ 4.厚薄规的正确使用方法：_____ 5.检测部分的选取： （1）侧隙：_____ （2）背隙：_____ （3）端隙：_____ 6.测量数据分析： （1）侧隙：_____ （2）背隙：_____ （3）端隙：_____
活塞环检测步骤 概括性描述	1.侧隙 （1）_____ （2）_____ （3）_____ 2.背隙 （1）_____ （2）_____ （3）_____ 3.端隙 （1）_____ （2）_____ （3）_____

续上表

检测过程技术要求	活塞环检测记录表 机型：　　　　　　　　　　　　　　　　　　　　　　　　　　标准缸径：									
	缸数排列	第一缸		第二缸		第三缸		第四缸	
	气环排列	第一道气环	第二道气环	第一道气环	第二道气环	第一道气环	第二道气环	第一道气环	第二道气环
	侧隙								
	背隙								
	端隙								
	数据处理								
	数据处理依据								
小组讨论与总结									
评价体系	1. 个人评价：_____ _____ _____ 2. 小组评价 (1) 任务工单的填写情况(优、良、合格、不合格)：_____ (2) 团队协作与工作态度评价：_____ (3) 质量意识和安全环保意识评价：_____ 小组成员签名：_____ 3. 指导教师综合评价：_____ 指导教师签名：_____								

一、活塞的常见损伤

一般活塞的使用寿命在 4000h 以上，低速柴油机可达 20000h，如果使用不当，或是设计制造上的问题，就会使活塞寿命降低，或者发生异常损坏。

1. 活塞裙部的磨损

1）原因

活塞裙部长期与汽缸壁发生摩擦而受到磨损。

2）后果

汽缸密封不严、压缩压力降低、柴油机功率下降、起动困难、润滑油上窜到汽缸、润滑油消耗增大。

2. 活塞销孔的磨损

1）原因

活塞销在孔内冲击和摩擦产生磨损。

2）后果

孔和销的配合间隙变大、有敲击声。

3. 活塞环槽的磨损

1）原因

活塞环的冲击造成的磨损。

2）后果

活塞环槽尺寸增大。

4. 其他损伤

其他损伤指的是：划痕拉伤、活塞烧损与断裂。

二、活塞选配原则

（1）同一台发动机上，应选用同一品牌的活塞，以便保证活塞材料、性能、质量、尺寸一致。

（2）同一台发动机应选用同一修理尺寸和同一分组尺寸的活塞。活塞的修理级别尺寸一般刻印在活塞顶上。

（3）同一组活塞中，活塞直径差应不大于 0.02~0.025mm；质量差一般应不超过 3%~5%，高速柴油机最好不要超过 2%。如果质量差不符合要求，可在内壁向上约 20mm 的部位车削部分铝合金。

（4）活塞裙部圆度和圆柱度应符合规定的要求。

新型发动机活塞与汽缸的配合都采用选配法，在汽缸的技术要求确定的前提下，重点选配相应的活塞。我国活塞的修理尺寸的级差为 0.25mm，共分 6 级，最大为 1.50mm；国外车型只有 1~4 级。在每一个修理尺寸级别中有分为若干组，通常分为 3~6 组不等，相邻两组的直径差为 0.010~0.015mm。选配时，一定要注意活塞的分组标记和涂色标记。有的发动机为薄型汽缸套，活塞不设置修理尺寸，只区分标准系列活塞，每一系列活塞中也有若干组供选配。

三、活塞环常见的损伤

1. 活塞环磨损

1）原因

在高温、高压燃气的作用下，活塞环往复运动过程中受到冲击的影响。另外，润滑不良也会使活塞环受到磨损。

2）后果

活塞环磨损加剧。

2. 活塞环弹力不足

1）原因

活塞环磨损加剧所致。

2）后果

活塞环端隙、侧隙增大，密封性下降，漏气，润滑油上窜，发动机动力性和经济性下降。

3. 活塞环折断

1）原因

活塞环弹力不足、磨损加剧所致。

2）后果

发动机工作不正常。

四、活塞环的选配

（1）活塞环的选配级别与汽缸和活塞的一致。

（2）在发动机大修时应更换活塞环。更换时应按照汽缸的修理级别选用与汽缸、活塞同一修理级别的活塞环。

（3）在维护或小修中，如果需要更换活塞环时，选用的活塞环修理级别应与被更换的活塞环相同。

（4）不允许使用加大级别的活塞环通过锉削开口端面的方法，来代替较小级别的活塞环使用。

技能鉴定与考核评定

工程机械维修工职业技能鉴定操作技能考核评分记录，见表5-2。

工程机械维修工职业技能鉴定操作技能考核评分记录表　　　　　表5-2

学号：_____ 姓名：_____ 班级：_____ 成绩：_____

项目：活塞环的拆装检测　　　　　　　　　　　　　　规定时间：30min

序号	项目	评分要素	配分	评分标准	得分
1	准备工作	备妥待检活塞、活塞环、厚薄规、外径千分尺及拆装工具等	20	未备齐或备错视情况扣2~6分	
2	检测、维修	（1）活塞环的拆装工艺； （2）活塞环槽的检修； （3）活塞环端隙的检测； （4）活塞环背隙的检测； （5）活塞环侧隙的检测	60	（1）漏检每项扣10分； （2）结合实物，讲不清楚的每项扣5分； （3）边讲边示范，不熟练扣5分； （4）拆装工艺方法不正确，视情况扣10~20分	
3	工量具使用	应能正确安装、校验和使用工量具	20	（1）不能正确调整、校验和使用测量工具，视情况扣5~10分； （2）不能正确使用工量具，视情况扣5~10分	
4	总计		100		

注：测量工具坠地结束考试。

评分人：　　　　　　　　　　　　　　　　　　　　　　年　月　日

学习任务六 曲轴的检测

> **任务目标**
> 1. 能掌握曲轴检测的内容,并在检测过程中熟练应用。
> 2. 熟知检测量具的用途及使用方法,并能熟练使用量具。
> 3. 能牢记操作技能要求。

学习准备

一、检测原则

(1)时刻保证清洁原则。
清洁包括检测环境的清洁、检测台的清洁、设备的清洁、量具的清洁。
(2)量具正确使用原则。
①游标卡尺的正确使用。
②千分尺的正确使用。
③磁力表架及百分表的正确使用。
(3)曲轴前后端的正确判断。
(4)曲轴结构的正确认识及描述。
(5)曲拐的布置。

二、检测量具的使用

1. 检测平台

曲轴检测平台是测量曲轴的量具之一。在检测之前确保检测平台的放置位置水平,保证检测平台表面的清洁度和光洁度,以确保测量结果的正确性。

2. 游标卡尺

游标卡尺的正确使用方法见学习任务三中"量具的使用——游标卡尺的使用"。

3. 千分尺

千分尺的正确使用方法见学习任务三中"量具的使用——外径千分尺的使用"。

4. 千分尺校正架

千分尺校正架主要用来校正千分尺,以确保在使用千分尺时能正确读数。

5. 磁力表架

磁力表架是用来安装百分表,以测量曲轴的弯曲度、扭曲度等之用。

6. 百分表

百分表主要用于测量零件的形状误差(如曲轴弯曲变形量、轴颈或孔的圆度误差等)或配合间隙(如曲轴轴向间隙),如图 6-1 所示。常见百分表有 0~3mm、0~5mm 和 0~10mm 三种规格。百分表的刻度盘一般为 100 格,大指针转动一格表示 0.01mm,转动一圈为 1mm,小指针可指示大指针转过的圈数。

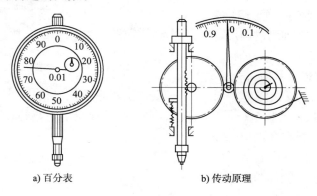

a) 百分表　　　　　b) 传动原理

图 6-1　百分表

三、检测操作要求

1. 曲轴裂纹的检查

曲轴清洗后,首先应检查有无裂纹。检查方法有两种:一种是磁力探伤法;另一种是浸油敲击法。

磁力探伤法是指在进行检查时,磁力线通过被检查的部位,如果轴颈表面有裂纹,在裂纹处磁力线会偏散而形成磁极,将磁性铁粉撒在表面上,铁粉会被磁化并吸附在裂纹处,从而显现出裂纹的位置和大小。

浸油敲击法是指将曲轴置于煤油中浸一会儿,取出后擦净表面并撒上白粉,然后分段用小锤敲击。如有明湿的油迹出现,则该处有裂纹。

2. 曲轴磨损的检测

1)检测的原因

(1)曲轴主轴颈和连杆轴颈的磨损是不均匀的,且磨损有一定的规律性。

主轴颈和连杆轴颈的最大磨损部位相互对应,即各主轴颈的最大磨损靠近连杆轴颈一侧;而连杆轴颈的最大磨损部位在主轴颈一侧。

(2)曲轴的磨损在一定程度上会使发动机不能正常工作,造成功率下降等状况。

2)检测步骤及方法

(1)首先检视轴颈有无磨痕。

(2)然后利用外径千分尺测量曲轴各轴颈的直径,计算圆度和圆柱度,如图 6-2 所示。

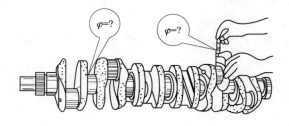

图 6-2　曲轴磨损测量

在同一轴颈的同一横截面内的圆周进行多点测量,取其最大直径与最小直径差的一半,即为该轴颈的圆度误差。在同一轴颈的全长范围内,轴向移动千分尺,测其不同截面的最大值与最小值,其差值之半,即为该轴颈的圆柱度误差。

(3)根据圆度、圆柱度确定修理必要性。

曲轴主轴颈和连杆轴颈的圆度、圆柱度误差不得大于0.025mm,超过该值,应按修理尺寸对轴颈进行磨削修理。

(4)根据最大磨损量计算最大修理尺寸。

$$最大修理尺寸(mm) = 最大磨损量 + 加工余量$$

$$最大磨损量(mm) = 标准轴径 - 最小测量的磨损轴径$$

加工余量一般选择在0.1~0.2mm。

(5)确定修理级别。

曲轴的修理级别一般都为四级(表6-1)。

曲轴的修理级别 表6-1

修理级别	1级	2级	3级	4级
范围(mm)	0~0.25	0.25~0.50	0.50~0.75	0.75~1.00

(6)如果在修理的级别内则进行修理,修理方法采用冷压校正法。如果超出了修理范围,则报废。

3. 曲轴弯曲变形检测

1)检测原因

因为活塞连杆组的往复直线运动和曲轴的圆周运动的存在与转变,使得曲轴发生了变形。

2)检测步骤及方法

(1)首先应以两端主轴颈的公共轴线为基准,检查中间主轴颈的径向圆跳动误差,如图6-3所示。

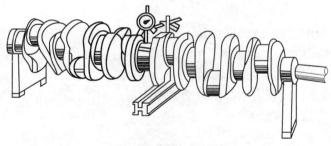

图6-3 曲轴弯曲检测

(2)检验时,将曲轴两端主轴颈分别放置在检验平板的V形块上,将百分表触头垂直地抵在中间主轴颈上。

(3)慢慢转动曲轴一圈,百分表指针所示的最大摆差,即为中间主轴颈的径向圆跳动误差值。

(4)该值若大于0.15mm,应予以校正;低于0.15mm,可结合磨削主轴颈时进行修正。

4. 曲轴扭曲度检测

1)检测原因

曲轴扭曲变形主要是因为曲轴两端所受的力不均而造成的。

2)检测步骤及方法

(1)将曲轴两端同平面内的连杆轴颈转到水平位置。

(2)用百分表分别测量这两个连杆轴颈的高度。在同一方位上,两个连杆轴颈的高度差即为曲轴扭曲变形量。

特别注意的是曲轴扭曲变形的检测是在曲轴校正的基础上进行的。另外,曲轴扭曲变形通常采用磨削的方法修理。

任务工单见表6-2。

任务工单六　　　　　　　　　　　　　　　　　　　　表6-2

曲轴的检测	日期		总分	
	班级		组号	
	姓名		学号	
能力目标	1.能正确使用量具; 2.能够掌握曲轴飞轮组测量的方法,并熟练应用; 3.会通过测量数据进行计算,并确定修理级别; 4.能够牢记安全操作规则			
设备、量具具准备	曲轴、游标卡尺(各级别)、千分尺(各级别)、磁力表架、百分表			
拆前准备	1.安全操作规程; 2.检测技术要求			
读取信息	柴油机名称		柴油机型号	
	缸数		冷却方式	
	缸径		汽缸类型	
	冲程数			
关键操作点	1.检测量具的选取及正确使用; 2.磁力表架、百分表的安装; 3.检测部位的选取; 4.计算修理级别的方法; 5.量具的收回			
检测过程须知	1.游标卡尺的作用:_____ _____ 2.游标卡尺的正确使用方法:_____ _____ 3.磁力表架的作用:_____ 4.千分尺的作用:_____ 5.千分尺的正确使用方法:_____ _____ 6.曲轴弯曲度检测部分的选取:_____ _____ 7.曲轴扭曲度检测部位的选取:_____ _____			

续上表

检测过程须知	8.曲轴磨损检测部位的选取：_____ _____ 9.圆度的计算：_____ _____ 10.圆柱度的计算：_____ _____ 11.修理级别的确定：_____ _____
曲轴检测步骤概括性描述	曲轴弯曲度检测： 1._____ 2._____ 3._____ 4._____ 5._____ 6._____ 曲轴扭曲度检测： 1._____ 2._____ 3._____ 4._____ 5._____ 6._____ 曲轴磨损检测： 1._____ 2._____ 3._____ 4._____ 5._____ 6._____
检测过程技术要求	曲轴磨损检测记录表 机型：＿＿＿＿＿　连杆轴颈标准轴径：＿＿＿＿＿mm （见下表） 实际缸径：＿＿＿＿　已加大＿＿＿＿级修理尺寸 处理意见：

轴颈 截面	第一连杆轴径	圆度	第二连杆轴颈	圆度	第三连杆轴颈	圆度	第四连杆轴颈	圆度
1（左）								
2（右）								
圆柱度								
结论　圆度								
圆柱度								
最大磨损量								

续上表

	曲轴磨损检测记录表								
检测过程技术要求	机型：　　　　　　　　　　　　主轴颈标准轴径：　　　　mm								
	截面＼轴颈	第二主轴颈	圆度	第三主轴颈	圆度	第四主轴颈	圆度	第五主轴颈	圆度
	1（左）								
	2（右）								
	圆柱度								
	结论	圆度							
		圆柱度							
		最大磨损量							
	实际缸径：　　　　　　　　　已加大　　　　　　级修理尺寸								
	处理意见：								
	曲轴弯曲度测量表（mm）								
	初始值		第二值		第三值		第四值		最大差值
	处理意见：								
	曲轴扭曲度测量表（mm）								
	第一连杆轴颈			第四（六）连杆轴颈			最大差值		
	处理意见：								

小组讨论与总结	

评价体系	1. 个人评价：_____ _____ _____ 2. 小组评价 （1）任务工单的填写情况（优、良、合格、不合格）：_____ （2）团队协作与工作态度评价：_____ （3）质量意识和安全环保意识评价：_____ 小组成员签名：_____ _____ 3. 指导教师综合评价：_____ 指导教师签名：_____

一、曲轴飞轮组的组成

曲轴飞轮组的组成,如图 6-4 所示。

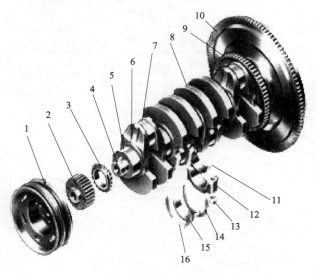

图 6-4 曲轴飞轮组件

1-曲轴皮带轮;2-曲轴正时齿轮皮带轮;3-曲轴链轮;4-曲轴前端;5-曲轴主轴颈;6-曲柄臂;7-曲柄销(连杆轴颈);8-平衡重块;9-转速传感器脉冲轮;10-飞轮;11-主轴瓦;12-主轴承盖;13-螺母;14-止推垫片;15-主轴瓦;16-止推垫片

1. 曲轴

曲轴是发动机最重要的机件之一。

1) 功用

将连杆传来的力变为旋转的动力(转矩),并向外输出。

2) 工作条件

承受周期性变化的气体压力、往复惯性力、离心力以及由它们产生的弯曲和扭转载荷的作用。

3) 要求

足够的刚度和强度,耐磨损且润滑良好,并有很好的平衡性能。

4) 材料及加工

一般用中碳钢或中碳合金钢模锻而成。轴颈表面经高频淬火或氮化处理,并经精磨加工。

5) 构造

由曲轴前端(自由端)、曲拐及曲轴后端(功率输出端)三部分组成。

(1) 曲拐:由一个连杆轴颈和它两端的曲柄以及主轴颈构成。(曲轴的曲拐数取决于汽缸的数目和排列方式)

直列式发动机曲轴的曲拐数目等于汽缸数;V 型发动机曲轴的曲拐数目等于汽缸数的一半。

① 主轴颈:主轴颈是曲轴的支承部分,通过主轴承支承在曲轴箱的主轴承座中。按主轴

颈的数目,曲轴可分为全支承曲轴和非全支承曲轴,如图6-5、图6-6所示。

全支承曲轴:曲轴的主轴颈数比汽缸数目多一个。即每一个连杆轴颈两边都有一个主轴颈。

非全支承曲轴:曲轴的主轴颈数比汽缸数目少或与汽缸数目相等。主轴承载荷较大,但缩短了曲轴的总长度,使发动机的总体长度有所减小。

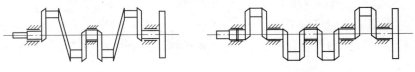

图6-5 非全支承曲轴　　　　　　图6-6 全支承曲轴

曲轴支承方式的特点与应用,见表6-3。

曲轴支承方式的特点与应用　　　　　　　　　表6-3

项目	优点	缺点	应用
全支承曲轴	提高曲轴的刚度和弯曲强度,减轻主轴承的载荷	曲轴的加工表面增多,主轴承数增多,使机体加长	柴油机一般多采用此种支撑方式
非全支承曲轴	缩短了曲轴的长度,使发动机总体长度有所减小	主轴承载荷较大	承受载荷较小的汽油机可以采用此种方式

②曲柄销(连杆轴颈):曲轴与连杆的连接部分,通过曲柄与主轴颈相连。直列发动机的曲柄销数目和汽缸数相等。V型发动机的曲柄销数等于汽缸数的一半。

③曲柄:主轴颈和连杆轴颈的连接部分。为了平衡惯性力,有的曲柄处有平衡块。

④主轴瓦:为了减小摩擦阻力和曲轴主轴颈的磨损,主轴承座孔内装有瓦片式滑动轴承,简称主轴瓦(大瓦)。

(2)曲轴前端(图6-7):装有定时齿轮、驱动风扇和水泵的带轮以及起动爪、甩油盘等。甩油盘外斜面向后,安装时应注意,否则会产生相反效果。在齿轮室盖上装有油封,防止机油外漏。

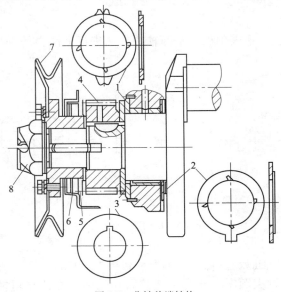

图6-7 曲轴前端结构
1、2-滑动推力轴承;3-止推片;4-定时齿轮;5-甩油盘;6-油封;7-带轮;8-起动爪

曲轴轴向定位：由于曲轴经常受到离合器施加于飞轮的轴向力作用，有的曲轴前端采用斜齿传动，使曲轴产生前后窜动，影响了曲柄连杆机构各零件的正确位置，增大了发动机磨损、异响和振动，故必须进行曲轴轴向定位。另外，曲轴工作时会受热膨胀，还必须留有膨胀的余地。在曲轴受热膨胀时，应能自由伸长，所以曲轴上只能有一个地方设置轴向定位装置。

曲轴定位一般采用滑动止推轴承，安装在曲轴前端或中后部主轴承上。止推轴承有两种形式：翻边主轴瓦的翻边部分或具有减磨合金层的止推片（图6-7），磨损后可更换。

（3）曲轴的后端：安装飞轮，在后轴颈与飞轮凸缘之间制成挡油凸缘与回油螺纹，以阻止机油向后窜漏。

6）曲轴的润滑（图6-8）

为了润滑主轴承和连杆轴承，曲轴上钻有连接主轴颈和连杆轴颈的油道。一般都是压力润滑的，曲轴中间会有油道和各个轴瓦相通，发动机运转以后靠机油泵提供压力供油进行润滑、降温。

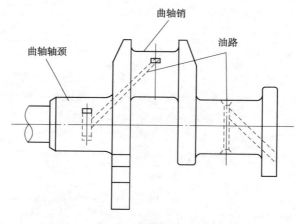

图6-8 曲轴的润滑

7）曲轴的平衡

在一些高档发动机上，还采用加装平衡轴的方法进行惯性力的平衡，使发动机运转更加平稳（图6-9）。

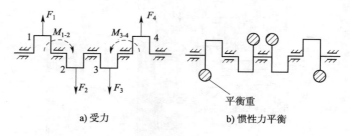

a）受力　　b）惯性力平衡

图6-9 曲轴受力与平衡

8）曲拐的布置

曲轴的布置取决于汽缸数、汽缸排列和发动机的发火顺序。

安排多缸发动机的发火顺序应注意使连续做功的两缸相距尽可能远，多缸发动机的点火顺序应均匀分布在720°曲轴转角内，以减轻主轴承的载荷，同时避免可能发生的进气重叠现象。做功间隔应力求均匀。

发火间隔角:各缸发火的间隔时间以曲轴转角表示。

发火间隔角为 $720°/i$。

常见的集中多缸发动机曲拐的布置和工作顺序如下:

(1)四缸四冲程发动机的发火顺序和曲拐布置。

四缸四冲程发动机的发火间隔角为 $720°/4 = 180°$。

4个曲柄布置在同一平面内(图6-10)。1、4缸与2、3缸互相错开180°。

发火顺序的排列只有两种可能,即为 1-3-4-2 或为 1-2-4-3。其工作循环分别见表6-4和表6-5。

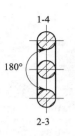

图 6-10　四缸曲拐布置位置

四缸四冲程发动机工作循环(点火顺序 1-3-4-2)　　　　表 6-4

曲柄转角(°)	第一缸	第二缸	第三缸	第四缸
0~180	做功	排气	压缩	进气
180~360	排气	进气	做功	压缩
360~540	进气	压缩	排气	做功
540~720	压缩	做功	进气	排气

四缸四冲程发动机工作循环(点火顺序 1-2-4-3)　　　　表 6-5

曲柄转角(°)	第一缸	第二缸	第三缸	第四缸
0~180	做功	压缩	排气	进气
180~360	排气	做功	进气	压缩
360~540	进气	排气	压缩	做功
540~720	压缩	进气	做功	排气

(2)四冲程直列六缸发动机的发火顺序和曲拐布置。

四冲程直列六缸发动机发火间隔角为 $720°/6 = 120°$,6个曲柄分别布置在三个平面内(图6-11),有两种点火顺序,1-5-3-6-2-4 和 1-4-2-6-3-5,国产公路工程机械都采用前一种,其工作循环见表6-6。

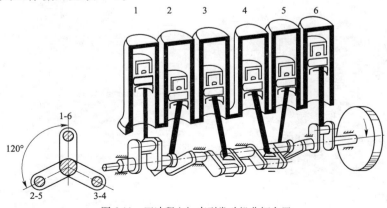

图 6-11　四冲程六缸直列发动机曲柄布置

四冲程直列六缸发动机工作循环（点火顺序 1－5－3－6－2－4）　　　表6-6

曲柄转角(°)		第一缸	第二缸	第三缸	第四缸	第五缸	第六缸
0~180	60	做功	排气	进气	做功	压缩	进气
	120	做功	排气	压缩	排气	做功	进气
	180	做功	进气	压缩	排气	做功	进气
180~360	240	排气	进气	压缩	排气	做功	压缩
	300	排气	进气	做功	进气	排气	压缩
	360	排气	压缩	做功	进气	排气	压缩
360~540	420	进气	压缩	做功	进气	排气	做功
	480	进气	压缩	排气	压缩	进气	做功
	540	进气	做功	排气	压缩	进气	做功
540~720	600	压缩	做功	排气	压缩	进气	排气
	660	压缩	做功	进气	做功	压缩	排气
	720	压缩	排气	进气	做功	压缩	排气

（3）四冲程 V 型八缸发动机的发火顺序。

四冲程 V 型八缸发动机的发火间隔角为 720°/8＝90°，V 型发动机左右两列中对应的一对连杆共用一个曲拐，所以 V 型八缸发动机只有 4 个曲拐（图6-12）。曲柄布置可以与四缸发动机相同，4 个曲柄布置在同一平面内，也可以布置在两个互相错开 90°的平面内，使发动机得到更好的平衡。点火顺序为 1－8－4－3－6－5－7－2。其工作循环见表6-7。

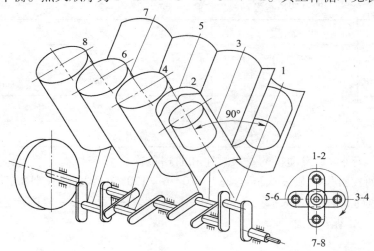

图6-12　四冲程八缸发动机曲柄布置

2. 飞轮

飞轮大而重，具有很大的转动惯量，见图6-13。

（1）主要功用：是用来储存做功行程的能量，用于克服进气、压缩和排气行程的阻力和其他阻力，使曲轴能均匀地旋转。

①储存能量，保证发动机运转平衡。

②作为其他机构和系统检查调整的定位基准。

③起动元件。

④动力输出。

（2）飞轮外缘压有齿圈，与起动机的驱动齿轮啮合，供起动发动机用。

（3）公路工程机械离合器也装在飞轮上，利用飞轮后端面作为驱动件的摩擦面，用来对外传递动力。

（4）在飞轮轮缘上作有记号（刻线或销孔）供确定压缩上止点用。当飞轮上的记号与外壳上的记号对正时，正好是压缩上止点。有的还有进排气相位记号、供油（柴油机）或点火（汽油机）记号，供安装和修理用。

（5）飞轮与曲轴在制造时一起进行过动平衡实验，在拆装时应严格按相对位置安装。飞轮紧固螺钉承受作用力大，应按规定力矩和正确方法拧紧。

（6）飞轮一般由灰铸铁、球墨铸铁或铸钢制造。

四冲程八缸发动机工作循环（点火顺序 1-8-4-3-6-5-7-2） 表6-7

曲柄转角(°)		第一缸	第二缸	第三缸	第四缸	第五缸	第六缸	第七缸	第八缸
0~180	90	做功	做功	进气	压缩	排气	进气	排气	压缩
	180		排气	压缩		进气			做功
180~360	270	排气			做功		压缩	进气	
	360		进气	做功		压缩			排气
360~540	450	进气			排气		做功	压缩	
	540		压缩	排气		做功			进气
540~720	630	压缩			进气		排气	做功	
	720		做功	进气		排气			压缩

a)   b)

图6-13 飞轮

3. 扭转减振器

（1）作用：吸收曲轴扭转振动的能量，消减扭转振动，避免发生强烈的共振及其引起的严重后果。曲轴是一种扭转弹性系统，各曲柄的旋转速度忽快忽慢呈周期性变化。安装在曲轴后端的飞轮转动惯量最大，可以认为是匀速旋转，由此造成曲轴各曲柄的转动比飞轮时快时慢，这种现象称为曲轴的扭转振动。当振动强烈时甚至会扭断曲轴。

（2）结构原理：目前用得较多的是橡胶式曲轴扭转减振器，皮带轮毂固定在曲轴前端，通过橡胶垫和橡胶体分别与皮带轮（前惯性盘）和后惯性盘连接。当曲轴转动发生扭转时，因后惯性盘及皮带轮惯性盘转动惯量大，角速度均匀，从而使橡胶体和橡胶垫产生很大的交变剪切变形，消耗了曲轴扭转能量，减轻了共振。

另外，硅油—橡胶扭转减振器中的橡胶环主要作为弹性体，用来密封硅油和支承惯性质量。在封闭腔内注满高黏度硅油。硅油—橡胶扭转减振器集中了硅油扭转减振器和橡胶扭转减振器二者的优点,即体积小、重量轻和减振性能稳定等。

 技能鉴定与考核评定

工程机械维修工职业技能鉴定操作技能考核评分记录,见表6-8。

工程机械维修工职业技能鉴定操作技能考核评分记录表 表6-8

学号:_____ 姓名:_____ 班级:_____ 成绩:_____

项目:检测曲轴主轴颈与连杆轴颈的平行度误差　　　　　　　　　规定时间:15min

序号	评分要素	配分	评分标准	考核记录	扣分	得分
1	准备工作: (1)备妥待检曲轴、平板、两块V形支架、百分表及磁力表座等	10	未备齐视情况扣0.5~1分			
	(2)检测待检曲轴各轴颈的圆度和圆柱度误差,且其误差均应在规定的范围内	20	未检测扣5分; 圆度、圆柱度测量误差较大视情况扣1~4分			
2	检测步骤: (1)将曲轴放置在V形支承上	10	放置不合要求扣1~3分			
	(2)固定表座,调整表架	20	不能正确调整,视情况扣1~3分			
	(3)测量曲轴主轴颈与连杆轴颈的平行度误差	40	测量结果误差过大,视情况扣1~8分			
3	总计	100				

评分人:　　　　　　　　　　　　　　　　　　　　　　　　　　年　月　日

测量记录见表6-9。

测 量 记 录 表 表6-9

主轴径 数据	一		二		三		四	
P位	上	下	上	下	上	下	上	下
A位								
B位								
圆度误差								
圆柱度误差								
修理级别								
连杆轴径 数据	一		二		三		四	
P位	上	下	上	下	上	下	上	下
A位								
B位								
圆度误差								
圆柱度误差								
修理级别								

弯曲度:

扭曲度:

学习任务七 气门间隙的检查与调整

> **任务目标**
> 1. 能掌握气门间隙的检查与调整规则,并在检查与调整过程中熟练应用。
> 2. 熟知检查与调整工量具的用途及使用方法,并能熟练使用拆装工量具。
> 3. 能牢记操作技能要求。

 学习准备

一、检查与调整原则

(1)确保清洁。
(2)严格按照气门间隙检查与调整的方法进行操作。
①认真选择检查与调整方法。
②正确使用工量具。
③注意维修使用手册相关参数。
(3)确保安全。
①人身安全。
②环境安全。
③设备安全。
④财产安全。

二、检查与调整工量具的使用

1. 一字螺丝刀
一字螺丝刀的正确使用方法见学习任务一中"拆装工具的使用"——螺丝刀。

2. 梅花扳手
梅花扳手的正确使用方法见学习任务一中"拆装工具的使用"——梅花扳手。

3. 厚薄规
厚薄规的正确使用方法见学习任务五中"工量具的使用"——厚薄规。

检查与调整工量具,如图7-1所示。

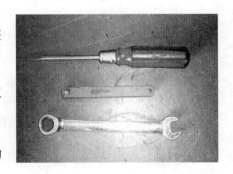

图7-1 检查与调理工量具

三、检查与调整操作要求

1. 操作要点准备
(1)首先要正确判断发动机的前后方向。

75

(2)正确判断进排气门。
(3)正确判断进排气门的排列规律。
(4)正确判断发动机工作顺序。
(5)根据维修手册正确查找进排气门的气门间隙值。
(6)正确选择检查与调整的方法。
(7)正确查找一缸压缩上止点的位置。

2. 气门间隙检查与调整的原因

1)气门间隙过大的危害
(1)会造成气门升程减小。
(2)排气不畅。
(3)充气不足。
(4)换气过程会恶化。
(5)柴油机动力性和经济性下降。
(6)产生不正常的敲缸声。

2)气门间隙过小的危害
(1)发动机运转时,气门关闭不严,造成漏气。
(2)气门座工作面会烧蚀。
(3)发动机功率会下降。
(4)油耗会增加。

3. 气门间隙的定义

气门间隙是指发动机气门在完全关闭的状态下,气门杆尾端与气门驱动零件(摇臂、挺柱或凸轮)之间的间隙,见表7-1。

常用发动机的气门间隙(mm)　　　　　表7-1

型号		6135	康明斯(v378、v555、v504)
进气门	冷间隙	0.30	0.30
	热间隙	0.25	0.25
排气门	冷间隙	0.35	0.56
	热间隙	0.30	0.51

当然,发动机状态不同,气门间隙值不同。因此,气门间隙又有冷间隙和热间隙之分。冷间隙是指发动机在室温下应留的气门间隙。热间隙是指发动机运转到正常温度后,在热机状态下的气门间隙。

4. 气门间隙检查与调整方法及步骤

1)逐缸检查法
(1)定义:对于四冲程的发动机,当活塞处于压缩上止点时,进排气门都在关门状态,即进排气门均可以调整。所以根据发动机的工作顺序,依次找到各缸的压缩上止点,并将气门间隙调整到规定的要求,这种方法叫作气门间隙的逐缸检查调整法。

(2)调整步骤。
①找1缸或4(6)缸压缩上止点的位置。

查找压缩上止点时,转动曲轴,使飞轮上的刻度"0"对准壳体上的记号,此时表示第1、6

缸(六缸发动机)或第 1、4 缸(四缸发动机)活塞处于上止点。

②找 1 缸压缩上止点的位置。

究竟是第 1 缸还是第 6 缸(或第 4 缸)压缩上止点,则须进一步判断:

A. 摆动飞轮,如果第 1 缸的进排气门摇臂不动,而第 6 缸(或第 4 缸)的排气门摇臂都动,则表明第 1 缸活塞处于压缩上止点。

该缸的进排气门均关闭,所以气门摇臂不动;第 6 缸(或第 4 缸)在排气上止点,排气未结束,进气门已开启,进排气门叠开,所以进排气门摇臂都动。

B. 相反则为第 6 缸(或第 4 缸)压缩上止点。如果确认找到的是第 1 缸压缩上止点,如发动机的工作顺序为 1 - 5 - 3 - 6 - 2 - 4(1 - 3 - 4 - 2),则将曲轴转动 120°(四缸发动机转 180°)后,对下一缸(例如第 5 缸)的进排气门进行检查调整。

③调整气门间隙时,松开摇臂上调整螺钉的锁母,将厚薄规中与所调气门间隙相同厚度的厚薄规片插入摇臂压头与气门脚之间,用螺丝刀旋转调整螺钉,并来回拉动厚薄规,当感到拉动厚薄规略有阻力时,将调整螺钉锁紧即可,如图 7-2 所示。

④依次类推,直至将所有的气门检查调整完毕。

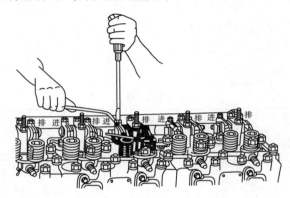

图 7-2　气门间隙检查与调整

2)两次调整法

(1)两次调整法的定义。

两次调整法也叫"双排不进法",是根据柴油机汽缸的工作状况,把气门气门的调整分成四种情况,即"双"就是调整某缸的进排气门;"排"就是调整某缸的排气门;"不"就是某缸的进排气门都不调;"进"就是要调整某缸的进气门。

(2)需要注意的是,如果采用"双排不进法",就要根据柴油机的做功顺序进行分析。

(3)调整步骤

①找 1 缸或 4(6)缸压缩上止点的位置。

查找压缩上止点时,转动曲轴,使飞轮上的刻度"0"对准壳体上的记号,此时表示第 1、6 缸(六缸发动机)或第 1、4 缸(四缸发动机)活塞处于上止点。

②找 1 缸压缩上止点的位置。

究竟是第 1 缸还是第 6 缸(或第 4 缸)压缩上止点,则须进一步判断:

A. 摆动飞轮,如果第 1 缸的进排气门摇臂不动,而第 6 缸(或第 4 缸)的排气门摇臂都动,则表明第 1 缸活塞处于压缩上止点。

该缸的进排气门均关闭,所以气门摇臂不动;第 6 缸(或第 4 缸)在排气上止点,排气未结束,进气门已开启,进排气门叠开,所以进排气门摇臂都动。

B. 相反则为第6缸(或第4缸)压缩上止点。

③如果确认找到的是第1缸压缩上止点,则按照"双排不进法"进行检查与调整。比如,四缸四冲程发动机工作顺序是1-2-4-3,六缸四冲程发动机工作顺序是1-5-3-6-2-4,见表7-2、表7-3。

两次调整法确定表(四缸四冲程) 表7-2

曲轴转角(°)	1	2	4	3
0	双	排	不	进
360	不	进	双	排

两次调整法确定表(六缸四冲程) 表7-3

曲轴转角(°)	1	5	3	6	2	4
0	双	排	不	进		
360	不	进	双	排		

④第一遍调整完后,将发动机旋转一圈,再将没有调整过的气门进行调整即可。

⑤进行复查,确定每缸气门间隙调整适当。

任务工单

任务工单见表7-4。

任务工单七 表7-4

气门间隙的检查与调整		日期		总分	
		班级		组号	
		姓名		学号	
能力目标	1.能正确使用工量具; 2.能够掌握气门间隙检查与调整的方法和步骤,并熟练应用; 3.会通过测量数据进行分析; 4.能够牢记安全操作规则				
设备、工量具准备	发动机、一字螺丝刀、厚薄规、梅花扳手				
拆前准备	1.安全操作规程; 2.检测技术要求				
读取信息	柴油机名称		柴油机型号		
	缸数		冷却方式		
	缸径		汽缸类型		
	冲程数				
关键操作点	1.检测工量具的选取; 2.工量具的正确使用; 3.检测方法的选取; 4.检测步骤的关键点; 5.测量数据的分析; 6.工量具的整理与回收				

续上表

检测过程须知	1. 一字螺丝刀的作用：_____ 2. 一字螺丝刀的正确使用方法：_____ _____ 3. 梅花扳手的作用：_____ 4. 梅花扳手的正确使用方法：_____ 5. 厚薄规的作用：_____ 6. 厚薄规的正确使用：_____ 7. 检测方法的选取：_____ 8. 气门间隙的定义：_____ _____ 9. 配气相位的定义_____ _____
气门间隙检查与调整步骤概括性描述	1. 前期工作： (1) _____ (2) _____ (3) _____ (4) _____ (5) _____ (6) _____ (7) _____ 2. 检查与调整： (1) _____ (2) _____ (3) _____
检测过程技术要求	气门间隙检查与调整方法选择表 机型：　　　　　　　　　　　标准缸径： 	序号	方法选择	最终确定（画√）
---	---	---
1	逐缸检查法	
2	二次调整法		 	两次调整法确定表（四缸四冲程）				
---	---	---	---	---
曲轴转角(°)	1	2	4	3
0				
360				| | 两次调整确定法（六缸四冲程）						
---	---	---	---	---	---	---
曲轴转角(°)	1	5	3	6	2	4
0						
360							

续上表

小组讨论与总结	
评价体系	1.个人评价：_____ _____ _____ _____ 2.小组评价 (1)任务工单的填写情况(优、良、合格、不合格)：_____ (2)团队协作与工作态度评价：_____ (3)质量意识和安全环保意识评价：_____ 小组成员签名：_____ _____ _____ 3.指导教师综合评价：_____ 指导教师签名：_____

知识要点

一、配气机构功用

按照发动机各缸工作过程的需要，定时地开启和关闭进排气门，使新鲜可燃混合气(汽油机)或空气(柴油机)得以及时进入汽缸，废气得以及时排出汽缸。

二、对配气机构的要求

(1)按照确定的规律定时开闭气门。
(2)进气充分、排气干净，换气效果好。
(3)气门开启迅速，落座平稳，无反跳或抖动。
(4)工作可靠，振动噪声小。
(5)结构简单，维修方便。

三、配气机构的组成

配气机构由气门组、气门传动组组成，如图7-3所示。

1. 气门组

由气门、气门导管、气门弹簧、气门弹簧座和气门锁环等组成。

气门组作用:封闭进排气道。

1)气门

(1)组成。

气门是由头部和杆部组成的。头部用来封闭汽缸的进排气通道,杆部则主要为气门的运动导向。

气门头部的形状主要有以下几种形式。

①凸顶:凸顶的刚度大,受热面积也大,用于某些排气门。

②平顶:平顶的结构简单、制造方便,受热面积小,应用最多。

③凹顶:凹顶的,也称漏斗形,其质量小、惯性小,头部与杆部有较大的过渡圆弧,使气流阻力小,以及具有较大的弹性,对气门座的适应性好(又称柔性气门),容易获得较好的磨合,但受热面积大,易存废气,容易过热及受热易变形,所以仅用作进气门,如图7-4、表7-5所示。

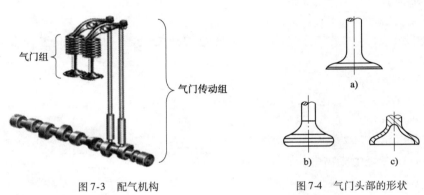

图7-3 配气机构　　　　图7-4 气门头部的形状

不同气门形状的特点　　　　表7-5

平顶式	结构简单,制造方便,吸热面积小,质量也较小,进排气门都可采用
凸顶式 (球面顶)	适用于排气门,因为其强度高,排气阻力小,废气的清除效果好,但球形的受势面积大,质量和惯性力大,加工较复杂
凹顶式 (喇叭顶)	凹顶头部与杆部的过渡部分具有一定的流线型,可以减小进气阻力,但其顶部受热面积大,故适用于进气门,而不宜用于排气门

(2)气门锥角。

①定义:气门头部与气门座圈接触的锥面与气门顶部平面的夹角。

②作用:获得较大的气门座合压力,提高密封性和导热性;气门落座时有较好的对中、定位作用;避免气流拐弯过大而降低流速。

③气门锥角大小的影响(图7-5)。

A.气门锥角越小,气门口通道截面越大,通过能力越强;气门锥角越大,截面就越小,通过能力越弱。

B.锥角越大,落座压力越大,密封和导热性也越好。另外,锥角大时,气门头部边缘的厚度大,不易变形。

C. 进气门锥角:主要是为了获得大的通道截面,其本身热负荷较小,往往采用较小的锥角,多用30°,有利于提高充气效率。

D. 排气门则因热负荷较大而用较大的锥角,通常为45°,以加强散热(大约75%的气门热量从气门座处散失)和避免受热变形。也有的发动机为了制造和维修方便,二者都用45°。

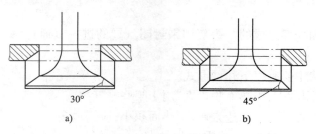

图7-5 气门锥角

(3)气门的杆部。

气门杆部具有较高的加工精度和较小的粗糙度,与气门导管保持有正确的配合间隙,以减小磨损和起到良好的导向、散热作用。

(4)功用。

燃烧室的组成部分,是气体进出燃烧室通道的开关,承受冲击力、高温冲击、高速气流冲击。

(5)工作条件。

①进气门570~670K,排气门1050~1200K。

②头部承受气体压力、气门弹簧力等。

③冷却和润滑条件差。

④被汽缸中燃烧生成物中的物质所腐蚀。

2)气门座

(1)概念:汽缸盖的进排气道与气门锥面相接合的部位。

(2)作用:靠其内锥面与气门锥面的紧密贴合密封汽缸;接受气门传来的热量。

(3)气门密封干涉角:比气门锥角大0.5°~1°的气门座圈锥角。

气门密封干涉角的作用:

①减小了二者之间的接触面积,提高了单位压力,加快了磨合速度,同时也提高了密封性。

②可挤出二者之间的夹杂物,即具有自洁作用。

③在气体压力作用下产生弹性变形时,可趋向全锥面接触,即随气体压力的增加,单位压力变化较小。如果干涉角相反即产生负干涉角时,便将起相反作用。

④能防止加工时出现负干涉角,若产生负干涉角,除前述相反作用外,还使气门暴露在炽热燃气中的受热面积增加,使气门的热负荷增加。

上述诸作用中,提高密封能力和加速磨合是主要的,随着磨合期的结束,干涉角也逐渐自行消除,恢复了全工作面接触,如图7-6所示。

3)气门导管

(1)作用:为气门的运动导向,保证气门直线运动兼起导热作用。

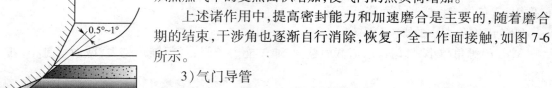

图7-6 气门密封干涉角

(2)工作条件:工作温度较高,约500K。润滑困难,易磨损。
(3)材料:用含石墨较多的铸铁,能提高自润滑作用。
(4)加工方法:外表面加工精度较高,内表面精铰。
4)气门弹簧
(1)作用:保证气门的回位;保证气门与气门座的座合压力;吸收气门在开启和关闭过程中传动零件所产生的惯性力,以防止各种传动件彼此分离而破坏配气机构正常工作。
(2)材料:高锰碳钢、铬钒钢。
(3)要求:具有合适的弹力;具有足够的强度和抗疲劳强度;采用优质冷拔弹簧钢丝制成,钢丝表面经抛光或喷丸处理;弹簧的两端面经磨光并与弹簧轴线相垂直。
(4)气门弹簧防共振的结构措施。
当气门弹簧的工作频率与其自然振动频率相等或成某一倍数时,将会发生共振,造成气门反跳、落座冲击,并可使弹簧折断。为此,采取如下几种结构措施:
①提高气门弹簧的自然振动频率。即设法提高气门弹簧的刚度,如加粗钢丝直径或减小弹簧的圈径。这种方法较简单,但由于弹簧刚度大,增加了功率消耗和零件之间的冲击载荷。
②采用双气门弹簧。每个气门装两根直径不同、旋向相反的内外弹簧。由于两弹簧的自然振动频率不同,当某一弹簧发生共振时,另一弹簧可起减振作用。旋向相反,可以防止一根弹簧折断时卡入另一根弹簧内,导致好的弹簧被卡住或损坏。另外,万一某根弹簧折断时,另一根弹簧仍可保持气门不落入汽缸内。
③采用不等螺距弹簧。这种弹簧在工作时,螺距小的一端逐渐叠合,有效圈数逐渐减小,自然频率也就逐渐提高,使共振成为不可能。
④采用等螺距的单弹簧,在其内圈加一个过盈配合的阻尼摩擦片来消除共振。

2. 气门传动组

由凸轮轴正时齿轮、凸轮轴、挺柱、推杆、摇臂和摇臂轴等组成。

气门传动组作用:使进排气门按配气相位规定的时刻开闭,且保证有足够的开度,如图7-7所示。

1)凸轮轴
(1)作用:驱动和控制各缸气门的开启和关闭,使其符合发动机的工作顺序、配气相位及气门开度的变化规律等要求。
(2)材料:多用优质碳钢或合金钢锻制,并经表面高频淬火(中碳钢)或渗碳淬火(低碳钢)处理。
(3)工作条件:承受气门间歇性开启的冲击载荷。
(4)组成:凸轮轴主要由凸轮、凸轮轴轴颈等组成。
2)挺柱
(1)作用:将凸轮的推力传给推杆或气门。
(2)分类见表7-6。
3)气门推杆
(1)作用:将挺柱传来的推力传给摇臂。
(2)工作情况:是气门机构中最容易弯曲的零件。

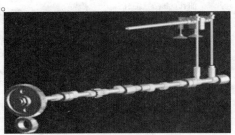

图7-7 气门传动组

(3)材料:硬铝或钢。

挺柱分类　　　　　　　　　　　　表 7-6

菌式	气门侧置式	
筒式	气门顶置式	
滚轮式	减小摩擦所造成的对挺柱的侧向力。多用于大缸径柴油机	

4)摇臂

(1)作用:将推杆或凸轮传来的力改变方向,作用到气门杆端以推开气门。

(2)组成(图7-8)。

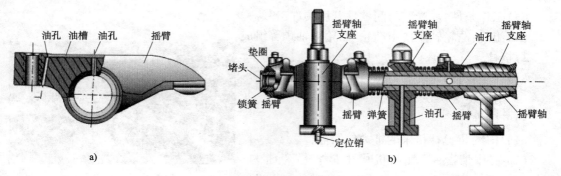

图 7-8　摇臂及摇臂组

(3)材料:一般为中碳钢,也有的用球墨铸铁或合金铸铁。

四、配气机构的分类

1. 按气门的布置位置分类

侧置式:气门布置在汽缸的一侧。使燃烧室结构不紧凑,热量损失大,气道曲折,进气流通阻力大,从而使发动机的经济性和动力性变差,现已被淘汰。

顶置式:气门布置在汽缸盖上。

2. 按凸轮轴的位置分类(图7-9)

(1)凸轮轴下置式。凸轮轴布置在曲轴箱上,由曲轴正时齿轮驱动。优点是凸轮轴离曲轴较近,可用齿轮驱动,传动简单。但存在零件较多、传动链长、系统弹性变形大、影响配气准确性等缺点。

(2)凸轮轴上置式。凸轮轴布置在曲轴箱上。与下置凸轮轴相比,省去了推杆,由凸轮轴经过挺柱直接驱动摇臂,减小了气门传动机构的往复运动质量,适应更高速的发动机。

(3)凸轮轴上置式。凸轮轴直接布置在汽缸盖上,直接通过摇臂或凸轮来推动气门的开启和关闭。这种传动机构没有推杆等运动件,系统往复运动质量大大减小,非常适合现代高速发动机,尤其是轿车发动机。

a)凸轮轴下置

b)凸轮轴上置

c)凸轮轴中置

图7-9 按凸轮轴的位置分类

3. 按曲轴到凸轮轴的传动方式分类

(1)齿轮传动。

(2)链传动。

(3)齿形带传动。

五、配气机构的工作原理

凸轮轴旋转时,当凸轮轴上凸起部分与挺柱接触时,将挺柱顶起,通过推杆、调整螺钉使摇臂绕摇臂轴顺时针摆动摇臂的长臂端向下推动气门,气门克服弹簧力,开启直至最大位置。

当凸轮凸起部分的顶点转过挺柱后,气门开度逐渐减小,直至关闭。四冲程发动机完成一个工作循环曲轴旋转两圈(720°),凸轮轴旋转一周,各缸进排气门各开启一次。

由此可看出:气门的开启是通过气门传动组的作用完成的。而气门的关闭是由气门弹簧来完成的。

气门的开闭时刻与规律完全取决于凸轮的轮廓曲线形状。每次气门打开时,压缩弹簧,为气门关闭积蓄能量。

六、配气相位

1. 定义

用曲轴转角表示的进排气门的开启时刻和开启延续时间。

2. 配气相位图

配气相位图通常用环形图表示,如图 7-10 所示。

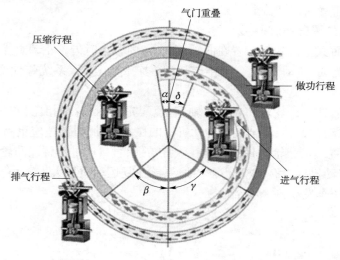

图 7-10 配气相位图

1)进气提前角

从进气门开始开启到上止点所对应的曲轴转角,用 α 表示,α 一般为 $10°\sim30°$。

其目的是为了保证进气开始时,进气门已开启较大,增加进入汽缸的新鲜气体或可燃混合气。

该角度过小,进气充量增加少;该角度过大,又会导致废气流入进气管。

2)进气迟后角

从下止点到进气门关闭所对应的曲轴转角,用 β 表示,β 一般为 $40°\sim80°$。

其目的是利用进气气流惯性和压力差继续进气。该角度过小,进气气流惯性未能得到充分利用,降低了进气充量;而该角度过大,进气气流惯性已用完,会导致已经进入汽缸的新鲜充量又被排出。

3)排气提前角

从排气门开始开启到下止点所对应的曲轴转角,用 γ 表示,γ 一般为 $40°\sim80°$。

其目的是利用废气压力,使汽缸内废气排得更干净。但排气提前角也不宜过大,否则将造成做功能力损失。

4)排气迟后角

从上止点到排气门关闭所对应的曲轴转角,用 δ 表示,δ 一般为 $10°\sim30°$。

其目的是利用排气气流性惯性使废气排出更彻底。过大会造成排出的废气又被吸入汽缸。

5)气门重叠与气门重叠角

在排气终了和进气刚开始时,进排气门同时开启,这种现象称为气门重叠。进排气门同时开启过程对应的曲轴转角,称为气门重叠角。气门重叠角的大小为 $\alpha+\delta$。

适宜的气门重叠角,可以利用气流压差和惯性清除残余废气,增加新鲜充量,即燃烧室扫气。

6)进气持续角

$\alpha+180°+\beta$。

7)排气持续角

$\gamma+180°+\delta$。

3. 配气相位对发动机工作性能的影响

1)重叠角的影响

过大:废气倒流、新鲜气体随废气排出。

过小:排气不彻底和进气量减少。

2)进气迟后角

过大:进气门关闭过晚,会将进入汽缸内的气体重新又压回到进气道内。

过小:进气门关闭过早而影响进气量。

3)排气提前角

过大:仍有做功能力的高温高压气体提前排出汽缸,造成发动机功率下降。

过小:排气阻力而增加发动机的功耗,造成发动机过热。

4)合理的配气相位

不变配气相位发动机:通过试验来确定某一转速下较合适的配气相位。在其他转速下运转时,配气相位就不是最合适的。

可变配气相位发动机:通过电脑控制配气相位可随发动机转速、负荷变化对发动机配气相位进行自动调整。

发动机的结构不同,转速不同,配气相位也就不同,最佳的配气相位角是根据发动机性能要求,通过反复试验确定。

在使用中,由于配气机构零部件磨损、变形或安装调整不当,会使配气相位产生变化,应定期进行检查调整。

技能鉴定与考核评定

工程机械维修工职业技能鉴定操作技能考核评分记录,见表7-7。

工程机械维修工职业技能鉴定操作技能考核评分记录表　　　　表7-7

学号:_____ 姓名:_____ 班级:_____ 成绩:_____

项目:气门间隙调整　　　　　　　　　　　　　　　　　　规定时间:30min

序号	项目	评分要素	配分	评分标准	得分
1	准备工作	备妥待发动机、厚薄规及拆装工具等	20	未备齐或备错视情况扣2~6分	
2	检测、调整	(1)调整前的准备检查; (2)气门密封性的检验; (3)气门导管间隙的检验; (4)气门间隙的检验调整	60	(1)漏检,每项扣10分; (2)结合实物,讲不清楚的每项扣5分; (3)边讲边示范,不熟练扣5分; (4)调整工艺方法不正确,视情况扣10~20分	

续上表

序号	项 目	评 分 要 素	配分	评 分 标 准	得分
3	工量具使用	应能正确安装、校验和使用工量具	20	（1）不能正确调整、校验和使用测量工具,视情况扣5~10分； （2）不能正确使用工量具,视情况扣5~10分	
4	总计		100		

注:测量工具坠地结束考试。

评分人： 年 月 日

学习任务八　喷油器的拆装

> **任务目标**
> 1. 能掌握喷油器的拆装规则,并在拆装过程中熟练应用。
> 2. 熟知拆装工具的用途及使用方法,并能熟练使用拆装工具。
> 3. 能牢记操作技能要求。

 学习准备

一、拆装原则

(1)作业安全。

①遵守实验室规章制度,未经许可,不得移动和拆卸仪器与设备。

②注意人身安全和教具完好。

③未经许可,严禁擅自扳动教具、设备的电器开关等。

(2)拆装工具的正确使用。

(3)熟知喷油器的结构及工作原理。

(4)熟知喷油器拆装步骤。

二、拆装工具的使用

1. 世达工具

世达工具的使用方法见学习任务一——发动机的拆装中工量具的使用。

2. 台虎钳

台虎钳的正确使用方法见学习任务一——发动机的拆装中工量具的使用。

三、拆装操作要求

(1)拆卸前,应彻底清洁工作场所、所用设备、工具等。

(2)操作时应轻拿轻放,以免碰坏零件的精密表面。

(3)装配前应将所有零部件仔细清洗干净,检验合格后方可进行装配。

(4)拆装步骤,如图8-1所示。

①首先将喷油器放在油盆中将外表面刷洗干净,操作时注意保护针阀偶件头部,并应用软毛刷刷洗。特别要注意轴针式喷油器,这种喷油器的轴针是伸出在针阀体外面,注意不要碰坏。

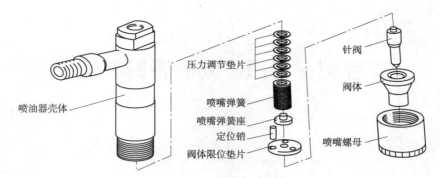

图 8-1 喷油器的分解图

②将喷油器夹在有铜钳口的台钳上,并且在台钳的钳口两边衬铜皮或铝片,以免损伤喷油器件,如图 8-2 所示。旋下针阀偶件紧帽,拆下针阀偶件。应注意不要碰伤喷油器体下端的研磨平面,所以在拆下针阀偶件后应旋上针阀偶件紧帽,保护该平面。

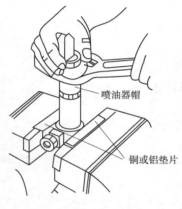

图 8-2 喷油器的拆卸

③分解针阀偶件。针阀如果被卡在针阀体内时不可硬拔,应该浸在干净的煤油中,经过相当长时间再拔(有时需浸一天)。拔时将针阀上面的柄部用台钳轻轻夹住,用木块护住针阀体平面轻轻敲击。应注意不得用台钳夹住针阀体,以免针阀体变形。针阀与针阀体是精密偶件,拆下后仍应成对配合存放,并注意保护精密加工的表面。

④分解后的针阀偶件应放在清洁的柴油中进行清洗,并清除积炭。如图 8-3 所示,用软毛刷或细铜丝刷清除针阀体和针阀外部积炭(图 8-3a、b);用直径比喷孔小的探针清理针阀体喷孔积炭(图 8-3c);喷孔背部的积炭清理如图(图 8-3d);用黄铜制的弯头刮刀(刀头形状与压力室形状相似),伸入压力室内转动而刮除针阀体内压力室中的积炭(图 8-3e);用铜针清理针阀体油路(图 8-3f);最后将针阀偶件放在专用工具内用柴油清洗(图 8-3g)。

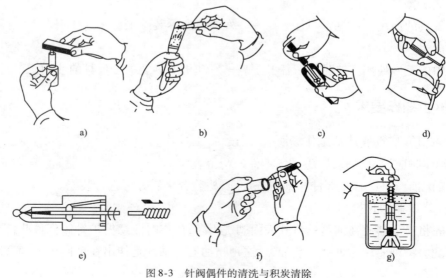

图 8-3 针阀偶件的清洗与积炭清除

⑤将喷油器体夹在台钳上,拆下喷油器体上的调压螺栓和螺母、调压弹簧和弹簧座以及杆等其他零件,并在清洁柴油中仔细清洗,除去污物。

⑥喷油器的装配。

将所有零部件仔细清洗干净,检验合格后方可进行装配。其操作步骤如下:

A.将喷油器体夹在装有黄铜钳口的台钳上,装入顶杆、弹簧座、调压弹簧,放入调压弹簧支承螺母,再旋入调压螺栓和螺母。

B.倒转夹住喷油器体外壳,并洗净配合平面,将清洗干净的针阀与针阀体装合放在喷油器体的平面上,必须使针阀柄部准确地装入顶杆孔中,装上针阀偶件护帽并旋紧,装上油管接头和螺母等其他零件。

应当注意:对于一些起密封作用的紫铜垫圈,应予以更换。如果继续使用旧件,应将紫铜垫圈退火软化并将两面磨平后再装入,否则密封作用不良,容易漏油。

任务工单

任务工单见表8-1。

任务工单八　　　　　　　　　　　　　　　　　　表8-1

喷油器的拆装		日期		总分	
		班级		组号	
		姓名		学号	
能力目标	1.能正确使用工具; 2.能够掌握正确拆装喷油器方法和步骤,并熟练应用; 3.会熟练表达喷油器结构及工作原理; 4.能够牢记安全操作规则				
设备、工量具准备	6105发动机轴针式喷油器、6135发动机孔式喷油器、台钳、世达工具				
拆前准备	1.安全操作规程; 2.检测技术要求				
读取信息	柴油机名称		柴油机型号		
	缸数		冷却方式		
	缸径		汽缸类型		
	冲程数				
关键操作点	1.台钳的正确使用; 2.工具的选择与正确使用; 3.拆装方法与步骤的关键点; 4.工量具的整理与回收				

续上表

拆装过程须知	1. 台钳的作用：_____ 2. 喷油器的功用：_____ 3. 闭式喷油器常见的形式有：_____ 4. 孔式喷油器多用于_____燃烧室上 5. 轴针式喷油器多用于_____燃烧室上 6. 喷油器上一对精密偶件是：_____ 7. 喷油器在试验器上检查的项目有： (1) _____ (2) _____ (3) _____ (4) _____ 8. 喷油器的故障有： (1) _____ (2) _____ (3) _____ (4) _____ (5) _____ (6) _____ (7) _____
喷油器拆装步骤概括性描述	1. 拆卸步骤： (1) _____ (2) _____ (3) _____ (4) _____ (5) _____ 2. 装配步骤： (1) _____ (2) _____ (3) _____ (4) _____ (5) _____ (6) _____ (7) _____ (8) _____ (9) _____ (10) _____

续上表

拆装过程技术要求	1.拆卸过程前应_____工作场所、所用设备、工具等； 2.操作时应_____,以免碰坏零件的精密表面； 3.装配前应将所有零部件仔细清洗干净,_____后方可进行装配
小组讨论与总结	
评价体系	1.个人评价：_____ _____ _____ 2.小组评价 (1)任务工单的填写情况(优、良、合格、不合格)：_____ (2)团队协作与工作态度评价：_____ (3)质量意识和安全环保意识评价：_____ 小组成员签名：_____ _____ _____ 3.指导教师综合评价：_____ 指导教师签名：_____

 知识要点

一、燃供系概述

1. 功用

(1)在适当的时刻将一定数量的洁净柴油增压,以适当的规律喷入燃烧室。
(2)在每一个工作循环内,各汽缸均喷油一次,喷油次序与汽缸工作顺序一致。
(3)根据柴油机负荷的变化自动调节循环供油量,以保证柴油机稳定运转。
(4)储存一定数量的柴油,保证机械或车辆的最大连续行驶工作时间。

2. 柴油机机械燃油系统的类型

按照结构特点的不同,柴油机机械燃油系统可分为柱塞泵系统、分配系统、PT泵系统及油泵—喷油器式系统。在四冲程柴油机上以前三种的应用最为广泛。

3. 柴油机机械燃油系统组成

柴油机燃油系统包括喷油泵、喷油器和调速器等主要部件及柴油箱、输油泵、油水分离器、柴油滤清器、喷油提前器和高、低压油管等辅助装置,如图8-4所示。

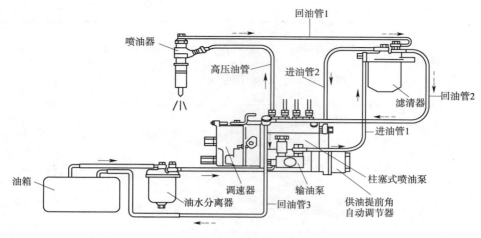

图 8-4 柴油机的组成

4. 柴油机机械式燃油系统的基本原理

如图 8-4 所示,以柱塞泵系统为例,介绍柴油机燃油系统的基本原理。柱塞泵系统具有结构、工艺成熟,工作可靠,维修、调整方便,使用寿命长等优点,被广泛应用在各种形式的柴油机上。

柱塞式喷油泵一般由柴油机曲轴的定时齿轮驱动。固定在喷油泵体上的输油泵由喷油泵的凸轮轴驱动。输油泵从油箱中吸油,经管路压入高压泵,高压泵提高压力后送入喷油器,喷油器将油喷入汽缸。油的流动路线如下:

1)低压油路

油从油箱中出来,进入油水分离器,在油水分离器中除去柴油中的水分,再进入输油泵,输油泵将油压力进行第一次提高,其出口压力一般为 0.15~0.3MPa。从输油泵出来的柴油经进油管 1 进入柴油滤清器,在柴油滤清器中滤去其中的杂质。滤清后的清洁柴油送入喷油泵。

2)高压油路

进入高压泵的柴油在高压泵中被加大压力,压力一般在 8~20MPa。高压油经高压油管送入喷油器,通过喷油器喷入汽缸。

3)回油路

回油路有两条:

一是由于输油泵的供油量比喷油泵的最大供油量多 3~4 倍,为了保持进入喷油泵的进油室内压入的稳定,在进油室的另一端装有溢流阀,当压力过高时顶开溢流阀,从回油管 3 流回油箱或输油泵进口。有的也在滤清上装有溢流阀,当滤清器内压力(与高压泵进油室压力相等)过高时,顶开溢流阀,从回油管 2 流回。

二是喷油器多余的柴油经回油管 1、回油管 2 流回油箱或输油泵的进口。

二、喷油器

1. 喷油器的作用

喷油器的作用是将喷油泵供给的高压油以一定的压力、速度和方向喷入燃烧室,使喷入燃烧室的燃油雾化成细粒并合理地分布在燃烧室中,以便于和空气混合形成可燃混合气。

2. 喷油器的类型

喷油器分为开式和闭式两种，开式喷油器的高压油腔通过喷孔直接与燃烧室相通，而闭式喷油器则在其之间装针阀隔断。目前，柴油机绝大多数采用闭式喷油器，其常见的类型有两种：孔式喷油器和轴针式喷油器。孔式喷油器多用于直接喷射式燃烧室、轴针式喷油器则主要用于分隔式燃烧室。

3. 对喷油器的要求

应具有一定的喷射压力、射程、合理的喷雾锥角。此外，喷油器在规定的停止喷油时刻应能迅速地切断燃油的供给，不发生滴漏现象。

4. 喷油器的结构及工作原理

1）孔式喷油器

（1）孔式喷油器的结构，如图 8-5 所示。

喷油器由针阀、针阀体、顶杆、调压弹簧、调压螺钉及喷油器体等零件组成。其中，最主要的是用优质合金钢制成的针阀和针阀体这对精密偶件（图 8-6）。针阀下端有 2 个或 3 个锥面，最前面的锥面为密封锥面，与针阀体下端的环形锥面共同起密封作用（图 8-5），用于打开或切断高压柴油与燃烧室的通路。针阀上端的锥面为承压锥面，该锥面承受燃油压力，推动针阀向上运动。针阀顶部通过顶杆承受调压弹簧的预紧力，使针阀处于关闭状态。该预紧力决定针阀的开启压力或称喷油压力，调整调压螺钉可改变喷油压力的大小（拧入时压力增大，拧出时压力减小），调压螺钉保护螺母则用来锁紧调压螺钉。喷油器工作时从针阀偶件间隙中泄漏的柴油经回油管接头螺栓流回回油管。

为防止细小杂物堵塞喷孔，一些喷油器进油接头中装有缝隙式滤芯。

（2）孔式喷油器的工作原理。

柴油机工作时，来自喷油泵的高压柴油经喷油器体与针阀体中的油孔道进入针阀中部周围的环状空间——压力室。油压作用在针阀的锥形承压环带上形成一个向上的轴向推力，此推力克服调压弹簧的预压力及针阀偶件之间的摩擦力使针阀向上移动，针阀下端的密封锥面离开针阀锥形环带，打开喷孔，高压柴油喷入燃烧室中。喷油泵停止供油时，高压油路内压力迅速下降，针阀在调压弹簧作用下及时复位，将喷孔关闭。

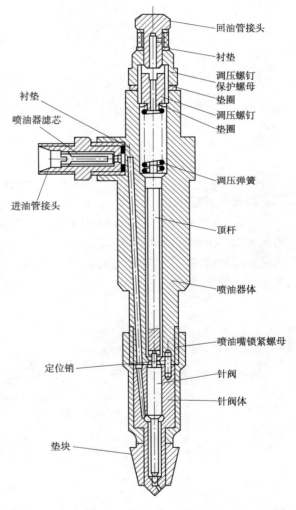

图 8-5 孔式喷油器结构

孔式喷油器的特点是喷孔数目较多，一般为 1～7 个；喷孔直径较小，一般为 0.2～0.8mm。喷孔数目和分布的位置，根据燃烧室的形状和要求而定。多缸柴油机，为使各缸喷油器工作一致，各缸采用长度相同的高压油管。

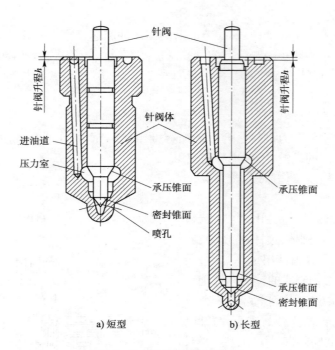

图 8-6 孔式喷油器针阀偶件结构

2) 轴针式喷油器

轴针式喷油器的工作原理与孔式喷油器相同。其构造特点是针阀下端的密封锥面以下还延伸出一个轴针,其形状可以是倒锥形和圆柱形,如图 8-7 所示。轴针伸出喷孔外,使喷孔成为圆柱状的狭缝(轴针与孔的径向间隙一般为 0.005~0.025mm)。这样,喷油时喷注将呈空心的锥状或柱形。

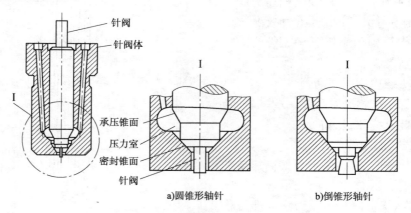

图 8-7 轴针式喷油器针阀的结构形式

轴针式喷油器喷孔直径一般在 1~3mm,喷油压力为 10~14MPa。喷孔直径大,加工方便。工作时由于轴针在喷孔内往复运动,能清除喷孔中的积炭和杂物,工作可靠。它适用于对喷雾要求不高的涡流室式燃烧室和预燃室式燃烧室。

3) 低惯量喷油器

传统的喷油器因顶杆较长,调压弹簧位置距离针阀较远,使针阀上下运动的惯性加大,对针阀上的密封锥面的冲击加大,针阀对油压的反应灵敏度降低,不能适应高速柴油机工作要求。为解决此问题,低惯量喷油器广泛投入使用。

图 8-8 为典型的低惯量喷油器。与普通喷油器相比,低惯量喷油器的调压弹簧下移,缩短顶杆,从而减小了运动质量。

5. 喷油器的检修

1) 喷油器的常见损伤

喷油器针阀偶件磨损的部位有:针阀与针阀体的密封锥面、针阀和针阀体导向圆柱面、针阀轴针磨损、针阀偶件卡死、进油管接头漏油、顶杆弯曲、调压弹簧断裂等。

出现上述损伤后,会使喷油器发生不喷油、滴漏、雾化不良、喷雾锥角变化等故障,使柴油机燃烧不良、起动困难、发生排气冒烟现象。

2) 喷油器的检查和调整

(1) 在试验器上检查和调整喷油器。

① 密封性检查。

A. 以长型孔式喷油器为例。将喷油器装在喷油器试验器上,均匀缓慢地用手柄压油,同时增加弹簧预紧力,直到油压在 23~25MPa 压力

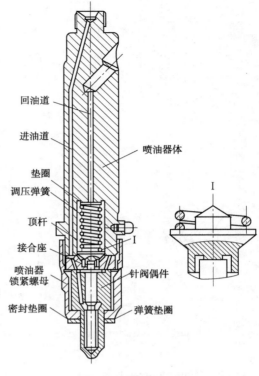

图 8-8 低惯量喷油器

下喷油为止,观察压力自 20MPa 降到 18MPa 所经历的时间为 9~20s。如果所经历时间少于 9s,可能是接头处漏油,针阀体与喷油器体平面配合不严、密封锥面封闭不严或导向部分磨损等原因引起。

B. 以轴针式喷油器为例。按动手泵至压力数值为 12MPa,继续缓慢按动手泵,将压力升至 13.2MPa,观察喷油器喷油孔处不得有滴油或渗漏现象。若有滴油或渗漏现象,说明针阀偶件锥面密封不严。

② 喷油压力检查调整。

将喷油器装在喷油器试验器上,均匀缓慢地用手柄压油,当喷油器开始喷油时,压力表所指示的压力即为喷油压力,如图 8-9c) 所示。若不符合规定,应进行调整。喷油压力的调整是通过转动调节螺钉改变弹簧对针阀的压紧力来实现的。拧入调节螺钉时,喷油压力增加,退出时则减少。

③ 喷雾质量检查。

在试验器上,以每分钟 60~80 次的速度压动手柄,使喷油器喷油,喷雾质量应符合如下要求:喷出的燃油应呈喷雾状,油雾应细碎均匀,没有明显可见的束射、油滴和油流以及断续喷油、浓淡不均现象;断油应干脆。喷射时,应伴有清脆的响声;喷射前后不允许有滴油现象,如图 8-9a) 所示。经多次喷油后,喷孔口附近最好是干的,或稍有湿润也可。

④ 喷雾锥角检查。

喷油器雾化锥角不应偏斜,其锥角应符合规定。检查方法是:在距喷油嘴 100~200mm 处放一张白纸做一次喷射,量出在纸上所得到的油迹直径 d 和喷孔到纸面的距离 A,如图 8-9d) 所示。按下式计算:$\tan\alpha = d/2A$,从三角函数表查出 α 角,2 倍 α 角就是喷雾锥角。

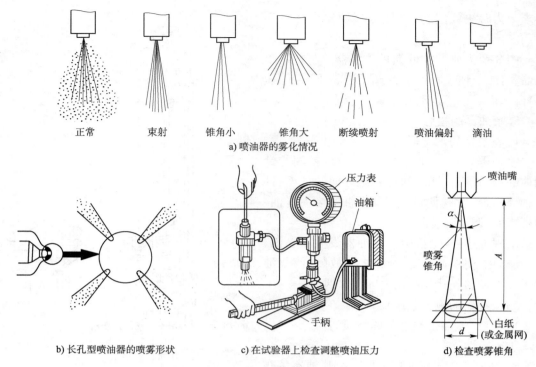

图 8-9 喷油器的检查与调整

(2) 喷油器的就机检查。

拆下待检查的喷油器,将确认可靠的 1 缸高压油管松开后转向 180°,装上喷油器,用起动机带动发动机观察喷油器喷油状况,看是否喷油和雾化良好。如不能确认,可以用好的喷油器装上进行对比试验。

常见柴油机喷油器型号及喷油压力,见表 8-2。

常见柴油机喷油器型号及喷油压力(MPa) 表 8-2

柴油机型号	喷油器类型	偶件型号	喷油压力
东方红 LR100/105 系列	LRR67026068 ZCK150J4300	PB86J01 681117	19.6~20.6
YC6105 YC6108	PF68S19 CKBL68S004	ZCK154S430 ZCK155S529	22±0.5 24±0.5
YC4108Q YC4108ZQ	CKBL68S004 KBEL-P023A	ZCK155S529 DSLA147P008	23±0.5 26±0.5
YC2108	CKBL68S004	ZCK155S529	21±0.5
B4125/B4125J	PB100J00	ZCK150J43200	19.6±0.49
4125A/4125G	PF36S	ZS15S15	12.25~12.26
X4115T	CAVRB6702602		20~21
4115T	BPZ-1.5×15		12.26~12.27
4100A/495A	长颈闭式单孔		19~19.98
扬柴 YZ4102/4105	CDLL154S640D	CKB68S001	19~19.5
4100QB/3100QB	长型闭式		19.1±0.49

技能鉴定与考核评定

工程机械维修工职业技能鉴定操作技能考核评分记录,见表8-3。

工程机械维修工职业技能鉴定操作技能考核评分记录表　　表8-3

学号:_____ 姓名:_____ 班级:_____ 成绩:_____

项目:喷油器的拆装　　　　　　　　　　　　　　　　规定时间:30min

序号	项　目	评 分 要 素	配分	评 分 标 准	得分
1	基本概念	(1)简述喷油器的功用; (2)简述喷油器的主要零件名称	10	结合实物,讲不清楚的每项扣2~5分。	
2	工量具的使用	选用、使用工量具应正确	10	选用、使用工量具不正确的扣2~5分。	
3	拆卸工艺要求及注意事项	(1)一般零件的拆卸工艺要求; (2)精密零件的拆卸工艺要求; (3)拆卸的熟练程度	20	(1)结合实物,讲不清楚的每项扣5分; (2)边讲边示范,不熟练的扣5分; (3)违反操作规程扣10分	
4	零件检验的方法	(1)出油阀偶件的检验; (2)出油压力的检验; (3)喷射锥角的检验; (3)其他零件的检验	30	(1)结合实物,讲不清楚的每项扣5分; (2)边讲边示范,不熟练扣5分	
5	装配工艺要求与配合间隙	(1)喷油器的装配; (2)出油阀偶件的装配; (3)油压机构的装配	30	(1)结合实物,讲不清楚的每项扣5分; (2)边讲边示范,不熟练的扣5分; (3)违反操作规程扣10分	
6	总计		100		

评分人:　　　　　　　　　　　　　　　　　　　　　　年　月　日

学习任务九　喷油泵的拆装

> **任务目标**
> 1. 能掌握喷油泵的拆装规则,并在拆装过程中熟练应用。
> 2. 熟知拆装工具的用途及使用方法,并能熟练使用拆装工具。
> 3. 能牢记操作技能要求。

学习准备

一、拆装原则

(1)作业安全。
①遵守实验室规章制度,未经许可,不得移动和拆卸仪器与设备。
②注意人身安全和教具完好。
③未经许可,严禁擅自扳动教具、电气设备开关等。
(2)拆装工具的正确使用。
(3)熟知喷油泵的结构及工作原理。
(4)熟知喷油泵拆装步骤。

二、拆装工具的使用

世达工具的使用方法见学习任务一。

三、拆装操作要求

(1)拆卸前,应彻底清洁工作场所、所用设备、工具等。
(2)操作时应轻拿轻放,以免碰坏零件的精密表面。
(3)装配前应将所有零部件仔细清洗干净,检验合格后方可进行装配。
(4)拆装注意事项如下:
①喷油泵拆卸解体之前,用柴油彻底清洗外部。
②尽量使用专用工具。
③拆卸上泵体时,应先将泵体水平放置,然后将上泵体轻轻卸下。注意保护上、下泵体接合面,不得碰伤。因为柱塞下部没有托板,柱塞容易掉落。
④零件拆下后,要按照顺序放置。尤其是柱塞副和出油阀副,更应该注意成对放置,另外不得碰伤,更不许互换。
⑤对有装配要求的零件,如齿条、调整螺钉等,应做好对应的标记,以保证原有的装配关系。
⑥拆卸调速器驱动轴套时,一定要用专用工具。

⑦特别强调的是,喷油泵凸轮轴的转动灵活,轴向间隙要符合要求。如果凸轮表面无磨损时,一般不用拆卸。

任务工单

任务工单见表9-1。

任务工单九　　　　　　　　　　　　　　　　　　　表9-1

喷油泵的拆装		日期		总分	
		班级		组号	
		姓名		学号	
能力目标	1. 能正确使用工具; 2. 能够掌握正确拆装喷油泵方法和步骤,并熟练应用; 3. 会熟练表达喷油泵结构及工作原理; 4. 能够牢记安全操作规则				
设备、工量具准备	柱塞式喷油泵、转子分配泵、世达工具				
拆前准备	1. 安全操作规程; 2. 检测技术要求				
读取信息	柴油机名称		柴油机型号		
	缸数		冷却方式		
	缸径		汽缸类型		
	冲程数				
关键操作点	1. 结构认识; 2. 工具的选择与正确使用; 3. 拆装方法与步骤的关键点; 4. 工量具的整理与回收				
拆装过程须知	1. 喷油泵的类型:＿＿＿＿＿＿＿＿＿＿＿＿ 2. 喷油泵的功用:＿＿＿＿＿＿＿＿＿＿＿＿ 3. 柱塞式喷油泵的泵油机构由＿＿＿＿＿＿偶件和＿＿＿＿＿＿偶件组成 4. 柱塞偶件指的是＿＿＿＿＿＿＿＿＿＿＿＿ 5. 出油阀偶件指的是＿＿＿＿＿＿＿＿＿＿＿＿ 6. 柱塞式喷油泵的调节机构由＿＿＿＿、＿＿＿＿、＿＿＿＿ 7. 柱塞的行程有: (1)＿＿＿＿＿＿＿＿＿＿＿＿ (2)＿＿＿＿＿＿＿＿＿＿＿＿ (3)＿＿＿＿＿＿＿＿＿＿＿＿ (4)＿＿＿＿＿＿＿＿＿＿＿＿ 8. 喷油柱塞的有效行程指的是＿＿＿＿＿＿＿＿＿＿＿＿ 9. 柱塞的有效行程大小是由＿＿＿＿＿＿＿＿＿＿＿＿决定的				

续上表

喷油泵拆装步骤概括性描述	1.拆卸步骤： (1)_____ (2)_____ (3)_____ (4)_____ (5)_____ (6)_____ (7)_____ (8)_____ 2.装配步骤： (1)_____ (2)_____ (3)_____ (4)_____ (5)_____ (6)_____ (7)_____ (8)_____
拆装过程技术要求	1.拆卸过程前应_____工作场所、所用设备、工具等； 2.操作时应_____，以免碰坏零件的精密表面； 3.装配前应将所有零、部件仔细清洗干净，_____后方可进行装配
小组讨论与总结	
评价体系	1.个人评价：_____ _____ _____ _____ 2.小组评价 (1)任务工单的填写情况（优、良、合格、不合格）：_____ (2)团队协作与工作态度评价：_____ (3)质量意识和安全环保意识评价：_____ 小组成员签名：_____ _____ _____ 3.指导教师综合评价(5分)：_____ 指导教师签名：_____

知识要点

一、喷油泵的功用

(1)提高油压(定压):将喷油压力提高到10~20MPa。
(2)控制喷油时间(定时):按规定的时间喷油和停止喷油。
(3)控制喷油量(定量):根据柴油机的工作情况,改变喷油量的多少,以调节柴油机的转速和功率。

二、对喷油泵的要求

(1)按柴油机工作顺序供油,而且各缸供油量均匀。
(2)各缸供油提前角要相同。
(3)各缸供油延续时间要相等。
(4)油压的建立和供油的停止都必须迅速,以防止滴漏现象的发生。

三、喷油泵的分类

柴油机的喷油泵按作用原理不同大体可分为四类:
1)柱塞式喷油泵
柱塞式喷油泵性能良好,调整方便,使用可靠,为目前多数车用及工程机械用柴油机所采用。
2)喷油泵—喷油器
其特点是将喷油泵和喷油器合成一体,直接安装在缸盖上,以消除高压油管带来的不利影响。多用于二冲程柴油机。
3)PT燃油泵
利用压力—时间原理来调节供油量,美国康明斯公司首先采用。
4)转子分配式喷油泵
转子分配式喷油泵是20世纪50年代后期出现的一种新型喷油泵,依靠转子的转动实现燃油的增压(泵油)及分配,它具有体积小、质量小、成本低、使用方便等优点。尤其体积小,对发动机的整体布置是十分有利的。
我国常用的柴油机喷油泵为:A型泵、B型泵、P型泵、VE型泵等。前三种属柱塞泵;VE型泵系分配式转子泵。

四、柱塞式喷油泵

1. 柱塞式喷油泵的结构

柱塞式喷油泵利用柱塞在柱塞套内的往复运动吸油和压油,每一副柱塞与柱塞套只向一个汽缸供油。对于单缸柴油机,由一套柱塞偶件组成单体泵;对于多缸柴油机,则由多套泵油机构分别向各缸供油。柴油机大多将各缸的泵油机构组装在同一壳体中,称为多缸泵,而其中每组泵油机构则称为分泵。
图9-1是一种分泵的结构图,其关键部分是泵油机构。泵油机构主要由柱塞偶件(柱塞和柱塞套)、出油阀偶件(出油阀和出油阀座)等组成。柱塞的下部固定有调节机构(调节套

筒、调节齿杆、调节齿圈),可通过它转动柱塞的位置。

柱塞上部的出油阀由出油阀弹簧压紧在出油阀座上,柱塞下端与供油正时调整螺钉接触,柱塞弹簧通过弹簧座将柱塞推向下方,并使滚轮保持与凸轮轴上的凸轮相接触。喷油泵凸轮轴由柴油机曲轴通过传动机构来驱动。对于四冲程柴油机,曲轴转两圈,喷油泵凸轮轴转一圈。

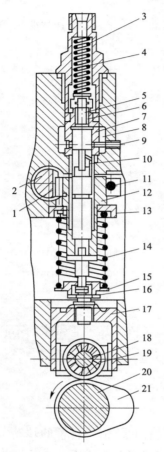

图9-1 柱塞式喷油泵分泵
1-齿圈;2-供油量调节齿杆;3-出油阀紧座;4-出油阀弹簧;5-出油阀;6-出油阀座;7-柱塞套;8-低压油道;9-定位螺钉;10-柱塞;11-齿圈夹紧螺钉;12-油量调节套筒;13、15-上、下柱塞弹簧座;14-柱塞弹簧;16-供油正时调整螺钉;17-滚轮体;18-滚轮轴;19-滚轮;20-喷油泵凸轮轴;21-凸轮

2. 柱塞式喷油泵的泵油原理

柱塞式喷油泵的泵油原理,如图9-2所示。

柱塞的圆柱表面上铣有直线形(或螺旋形)斜槽,斜槽内腔和柱塞上面的泵腔用孔道连通。柱塞套上有两个圆孔,都与喷油泵体上的低压油腔相通。柱塞由凸轮驱动,在柱塞套内做往复直线运动,此外它还可以绕本身轴线在一定角度范围内转动。

当柱塞下移到图9-2a)所示位置,燃油自低压油腔经进油孔被吸入并充满泵腔。

在柱塞自下止点上移的过程中,起初有一部分燃油从泵腔挤回低压油腔,直到柱塞上部的圆柱面将两个油孔完全封闭时为止。此后,柱塞继续上升(图9-2b),柱塞上部的燃油压力迅速增高到足以克服出油阀弹簧的作用力,出油阀即开始上升。当出油阀的圆柱环形带离开出油阀座时,高压燃油便自泵腔通过高压油管流向喷油器。当燃油压力高出喷油器的喷油压力时,喷油器则开始喷油。

当柱塞继续上移到图9-2c)中所示位置时,斜槽与油孔开始接通,于是泵腔内油压迅速下降,出油阀在弹簧压力作用下立即回位,喷油泵停止供油。此后,柱塞仍继续上行,直到凸轮达到最高升程为止,但不再泵油。然后柱塞下行,准备进行下一个泵油行程。

由上述泵油过程可知,由驱动凸轮轮廓曲线的最大升程决定的柱塞行程h(即柱塞的上、下止点间的距离,见图9-2e)是一定的,但并非在整个柱塞上移行程h内都供油,喷油泵只在柱塞完全封闭油孔之后到柱塞斜槽和油孔开始接通之前的这一部分柱塞行程h_g内才泵油。h_g称为柱塞有效行程。显然,喷油泵每次泵出的油量取决于有效行程的长短,因此欲使喷油泵能随柴油机工况不同而改变供油量,只需改变有效行程。一般借改变柱塞斜槽与柱塞套油孔的相对位置来实现。当柱塞转到图9-2d)中所示位置时,柱塞根本不可能完全封闭油孔,因此有效行程为零,即喷油泵处于不泵油状态。

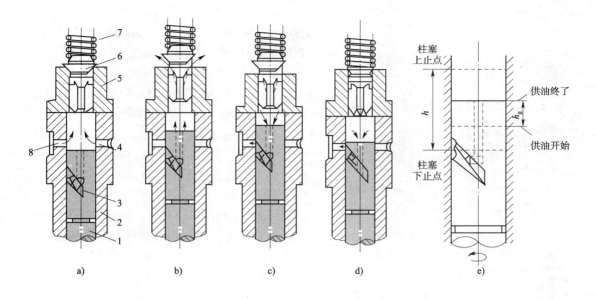

图 9-2 柱塞式喷油泵的工作原理
1-柱塞；2-柱塞套；3-斜槽；4、8-进回油孔；5-出油阀座；6-出油阀；7-出油阀弹簧

3. 柱塞行程分析

柱塞向上运动的行程中包括预行程、减压带行程、有效行程和剩余行程，如图 9-3 所示。

1）预行程

柱塞从下止点上升到其头部将柱塞套上的油孔完全遮蔽时所移动的距离。

它的大小影响了供油提前角的大小，下止点越接近进油孔，进油孔关闭得越早，供油提前角就越大。从理论上说，进油孔一关闭，就是供油行程的开始。实际上由于出油阀芯减压带的存在，供油滞后了一点儿。

2）减压行程

柱塞从预行程结束到出油阀芯的减压带开始离开阀座导向孔时所移动的距离。

它取决于出油阀的减压容积及高压油管的膨胀量。

3）有效行程

柱塞从出油阀开启到柱塞的斜槽上棱边与柱塞套的油孔相遇时移动的距离。

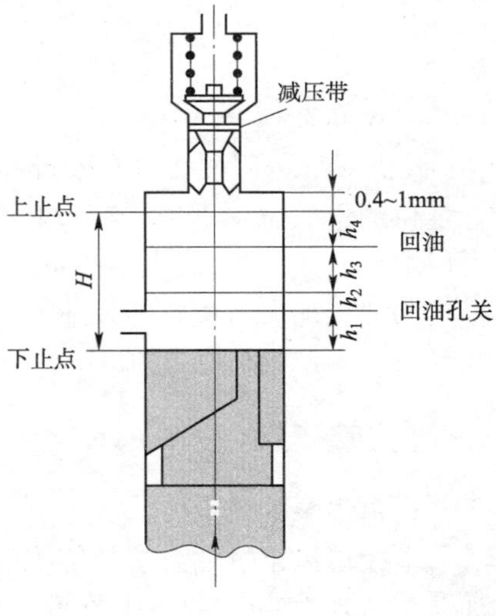

它取决于斜槽上棱边相对于油孔位置和油孔直径。此时的出油量称为循环供油量。出油阀开启的瞬间所对应的曲拐位置至上止点间的曲轴转角称为供油提前角。有效行程也可称为工作行程。

4）剩余行程

柱塞从有效行程结束（开始回油）上升到上止点时移动的距离。

它的大小和有效行程有关。它是油室内剩余的燃油回流的必要过程并使有效行程有充

总行程 $H = h_1 + h_2 + h_3 + h_4$

h_1-预行程；h_2-减压行程；h_3-有效行程；h_4-剩余行程

图 9-3 柱塞各行程

分的调整余地,又是柱塞、滚轮体等零件从最大运动速度降到零时所需的过渡行程。

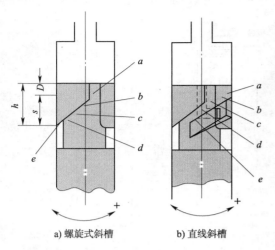

图9-4 供油量调节

由此可见,柱塞上升过程中只是在有效行程中才供油,由于有效行程的大小是由对应于柱塞套油孔的斜槽上方的母线长度决定的,如果旋转柱塞改变其斜槽与柱塞套油孔的相对位置,则可改变分泵的循环供油量。

4. 循环供油量的调节原理

分泵循环供油量的调节,如图9-4所示。

柴油机在各种工况时柱塞的斜槽上棱边相对于回油孔的位置如下:

1)熄火位置

转动柱塞使螺旋槽的直切槽对准回油孔时(图9-4a中的 a 点),分泵的高压油腔和回油孔相通,柱塞上升始终不能封闭回油孔,并将高压油腔内的柴油从直切槽压入低压油室。此时供油量等于零,柴油机则熄火。

2)怠速位置

将柱塞向"+"方向旋转一定角度,使斜槽上棱边的 b 点对准进回油孔,即有一段小的压油行程,供油量也较少。

3)中等负荷位置

将柱塞再向"+"方向转动一定角度,使斜槽上棱边的 c 点对准进回油孔时,为中等负荷下的供油量。

4)全负荷位置

d 点对准进回油孔时有效行程达到标定供油量位置,此时实测的供油量为标定供油量。标定供油量的位置不是在斜槽上棱边的最下端,而是偏上一些,再继续转动柱塞(e 点),还可以增加有效行程,加大供油量。这是为了启动加浓和超负荷时必要的加浓以及柱塞副磨损后漏油量加大有调整的余地。同时,也是为了柱塞副的系列化使用,或在使用中更换柴油品种时有一定的机动范围。

五、单体泵

1. 单体泵的特点

电控单体泵供油系统与传统的机械式喷油泵相比,在结构上主要有两点不同,一是每个油泵都是独立的,分别安装在发动机汽缸体上,对应每个汽缸,在汽缸体上有安装单体泵的孔,六缸柴油机有六个单体泵(四缸柴油机有四个单体泵),这六个单体泵由整个发动机的凸轮轴来驱动,也就是说,单体泵一般作为整体部件装在柴油机的汽缸体上,由配气凸轮轴上的喷射凸轮驱动。而传统的六缸柴油机的机械式喷油泵是布置在整机缸体的外侧,通过外部托架固定在发动机缸体上,在喷油泵泵体内,有一根凸轮轴,专门驱动六套柱塞。第二点不同是电控单体泵的上部有电磁阀,电磁阀能够按照特性图谱的数据精确地控制喷射正时及喷油时间。传统的机械式喷油泵是通过控制齿条的位置来控制油量,无法控制提前角的柔性。

单体泵的优点很多,它使燃烧更适合工况的需要,因而燃烧更充分,效率更高,降低了排气污染和燃油消耗率。它还有以下优点：

(1) 由凸轮轴通过挺柱驱动,结构紧凑,刚度好。

(2) 喷油压力可以高达 116~108Pa。

(3) 较小的安装空间。

(4) 高压油管短,且标准化。

(5) 调速性能好,适用不同用途发动机,任意设定调速特性。

(6) 具有自排气功能。

(7) 换泵容易。

电控单体泵供油系统是带时间控制的模块式装置,发动机每个汽缸都配有一个单独的模块,主要组件有：

(1) 整体插入式高压泵。

(2) 快速作用的电磁阀。

(3) 较短的高压油管。

(4) 喷油器总成。

2. 单体泵燃油系统的组成

单体泵供油系统的组成,如图9-5所示。

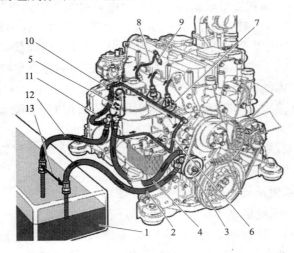

图9-5　单体泵柴油供给系统组成

1-柴油箱;2-燃油进油管;3-燃油输油泵;4-滤清器前燃油管;5-燃油滤清器;6-滤清器后燃油管;7-单体泵;8-高压油管;9-喷油器;10-限压阀;11-回油管;12-回油管;13-燃油箱内进回油管距离规定

1) 低压油路

柴油从柴油箱出来,经过燃油输油泵进入柴油滤清器过滤之后,非电控机型则进入铸在缸体内的低压油室,回油也在此油室内,低压油室的压力为 5~105MPa。电控发动机柴油从柴油滤清器出来之后,从外部接头进入连接电控单体泵的金属低压油路,每个泵都单独与外面的燃油进油管连接。燃油回油通道铸在汽缸体上,低压油路中压力的稳定对发动机的功率输出是至关重要的。在发动机出现功率不足的情况时,应首先测量低压油路的压力,测量位置为低压油路外部接头处。在发动机转速为2300r/min 时,压力为415~105MPa。

2) 高压油路

低压油路内的燃油从单体泵经过很短的高压油管进到喷油器,当压力达到 212~

107MPa时,喷油器开启,将燃油呈雾状喷入到燃烧室,与空气混合而形成可燃混合气。从柴油箱到金属燃油管接头这段油路中的油压是由燃油输油泵建立的,而输油泵在发动机额定转速下的出油压力一般为 5~105MPa,故这段油路称为低压油路,只用于向单体泵供给滤清的燃油。从单体泵到喷油器这段油路中的油压是由单体泵建立的,为 116~108 MPa。

3)燃油回流

由于输油泵的供油量比单体泵的出油量大 10 倍以上,大量多余的燃油经限压阀和回油管流回柴油箱,并且利用大量回流燃油驱净油路中的空气,有自动排气功能。

4)燃油温度传感器

用于燃料的油温及燃料喷射量的修正。

六、高压共轨燃油系统

1. 高压共轨喷射系统特点

它是由燃油泵把高压油输送到公共的、具有较大容积的配油管——油轨,将高压油蓄积起来,再通过高压油管输送到喷油器,即把多个喷油器并联在公共油轨上。在公共油轨上,设置了油压传感器、限压阀和流量限制器。由于微电脑对油轨内的燃油压力实施精确控制,燃油系统供油压力因柴油机转速变化所产生的波动明显减小(这是传统柴油机的一大缺陷),喷油量的大小仅取决于喷油器电磁阀开启时间的长短。其特点如下:

(1)将燃油压力的产生与喷射过程完全分开,燃油压力的建立与喷油过程无关。燃油从喷油器喷出以后,油轨内的油压几乎不变。

(2)燃油压力、喷油过程和喷油持续时间由微电脑控制,不受柴油机负荷和转速的影响。

(3)喷油定时与喷油计量分开控制,可以自由地调整每个汽缸的喷油量和喷射起始角。

2. 高压共轨燃油喷射系统的基本结构及工作原理

高压共轨燃油喷射系统的基本结构,如图 9-6 所示。

高压共轨燃油喷射系统包括燃油箱、输油泵、燃油滤清器、油水分离器、高低压油管、高压油泵、带调压阀的燃油共轨组件、高速电磁阀式喷油器、预热装置及各种传感器、电子控制单元等装置。

高压共轨燃油喷射系统的低压供油部分包括:燃油箱(带有滤网、油位显示器、油量报警器)、输油泵、燃油滤清器、低压油管以及回油管等。共轨喷射系统的高压供油部分包括:带调压阀的高压油泵、燃油共轨组件(带共轨压力传感器)以及电磁阀式喷油器等。

其工作原理如下:

电子控制单元接收曲轴转速传感器、冷却液温度传感器、空气流量传感器、加速踏板位置传感器、针阀行程传感器等检测到的实时工况信息,再根据 ECU 内部预先设置和存储的控制程序和参数或图谱,经过数据运算和逻辑判断,确定适合柴油机当时工况的控制参数,并将这些参数转变为电信号,输送给相应的执行器,执行元件根据 ECU 的指令,灵活改变喷油器电磁阀开闭的时刻或开关的开或闭,使汽缸的燃烧过程适应柴油机各种工况变化的需要,从而达到最大限度提高柴油机输出功率、降低油耗和减少排污的目的。

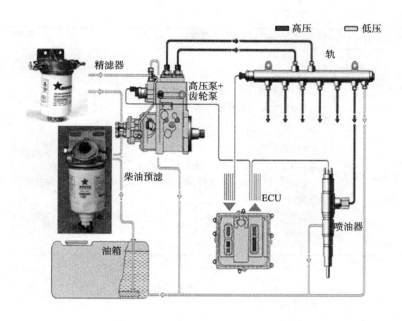

图 9-6 高压共轨燃油喷射系统的基本结构

一旦传感器检测到某些参数或状态超出了设定的范围,电控单元会存储故障信息,并且点亮仪表盘上的指示灯(向操作人员报警),必要时通过电磁阀自动切断油路或关闭进气门,减小柴油机的输出功率(甚至停止发动机运转),以保护柴油机不受严重损坏——这是电子控制系统的故障应急保护模式。

技能鉴定与考核评定

工程机械维修工职业技能鉴定操作技能考核评分记录,见表9-2。

工程机械维修工职业技能鉴定操作技能考核评分记录表　　　　表9-2

学号:_____ 姓名:_____ 班级:_____ 成绩:_____

项目:喷油泵的拆装　　　　　　　　　　　　　　　　　规定时间:30min

序号	项　目	评分要素	配分	评分标准	得分
1	基本概念	(1)简述喷油泵的功用; (2)简述供油提前角概念	10	结合实物,讲不清楚的每项扣2~5分	
2	工量具的使用	选用、使用工量具应正确	10	选用、使用工量具不正确的扣2~5分	
3	拆卸工艺要求及注意事项	(1)一般零件的拆卸工艺要求; (2)精密零件的拆卸工艺要求; (3)拆卸的熟练程度	20	(1)结合实物,讲不清楚的每项扣5分; (2)边讲边示范,不熟练的扣5分; (3)违反操作规程的扣10分	

续上表

序号	项目	评分要素	配分	评分标准	得分
4	零件检验的方法	(1)出油阀偶件的检验; (2)柱塞偶件的检验; (3)其他零件的检验	30	(1)结合实物,讲不清楚的每项扣5分; (2)边讲边示范,不熟练的扣5分	
5	装配工艺要求与配合间隙	(1)凸轮轴的装配; (2)随动柱(挺柱)的装配; (3)柱塞、出油阀偶件的装配; (4)油量控制机构的装配	30	(1)结合实物,讲不清楚的每项扣5分; (2)边讲边示范,不熟练的扣5分; (3)违反操作规程的扣10分	
6	总计		100		

评分人:　　　　　　　　　　　　　　　　　　　　　　　　　年　月　日

学习任务十　输油泵的拆装

> **任务目标**
> 1. 能掌握输油泵的拆装规则,并在拆装过程中熟练应用。
> 2. 熟知拆装工具的用途及使用方法,并能熟练使用拆装工具。
> 3. 能牢记操作技能要求。

 学习准备

一、拆装原则

(1)作业安全。
①遵守实验室规章制度,未经许可,不得移动和拆卸仪器与设备。
②注意人身安全和教具完好。
③未经许可,严禁擅自扳动教具、设备的电器开关等。
(2)拆装工具的正确使用。
(3)熟知输油泵的结构及工作原理。
(4)熟知输油泵拆装步骤。

二、拆装工具的使用

世达工具的使用方法见学习任务一。

三、拆装操作要求

(1)拆卸前应彻底清洁工作场所、所用设备、工具等。
(2)操作时应轻拿轻放,以免碰坏零件的表面。
(3)装配前应将所有零部件仔细清洗干净,检验合格后方可进行装配。
(4)拆装注意事项如下:
①输油泵解体后,应检查出油阀和出油阀座的磨损情况,如果有破裂或严重磨损的情况,应予以更换新件。
②当输油泵活塞与壳体之间出现配合松旷、运动不平稳时,应更换新件。

任务工单见表10-1。

任务工单十 表10-1

输油泵的拆装		日期		总分	
		班级		组号	
		姓名		学号	
能力目标	1. 能正确使用工具； 2. 能够规范拆卸输油泵； 3. 能够正确说出零件的名称； 4. 能够正确说出输油泵的工作原理				
设备、工具准备	输油泵、世达工具(150)等				
拆前准备	1. 安全操作规程； 2. 拆装技术要求				
读取信息	柴油机名称		柴油机型号		
	缸数		冷却方式		
	缸径				
	冲程		是否带增压		
关键操作点	1. 结构认识； 2. 工具的选择与正确使用； 3. 拆装方法与步骤的关键点； 4. 工量具的整理与回收				
拆装过程须知	1. 梅花扳手的作用：＿＿＿＿＿＿＿＿＿＿ 2. 输油泵的功用：＿＿＿＿＿＿＿＿＿＿ ＿＿＿＿＿＿＿＿＿＿＿＿＿＿＿＿＿＿ 3. 输油泵常见的形式有：＿＿＿＿＿＿＿＿ ＿＿＿＿＿＿＿＿＿＿＿＿＿＿＿＿＿＿ 4. 输油泵主要由 (1)＿＿＿＿＿＿＿＿＿＿＿＿＿＿＿＿ (2)＿＿＿＿＿＿＿＿＿＿＿＿＿＿＿＿ (3)＿＿＿＿＿＿＿＿＿＿＿＿＿＿＿＿ (4)＿＿＿＿＿＿＿＿＿＿＿＿＿＿＿＿ (5)＿＿＿＿＿＿＿＿＿＿＿＿＿＿等组成。 5. 输油泵的输油压力是由＿＿＿＿＿＿决定的。 6. 放气螺钉的作用是：＿＿＿＿＿＿＿＿ 7. 输油泵的性能试验有： (1)＿＿＿＿＿＿＿＿＿＿＿＿＿＿＿＿ (2)＿＿＿＿＿＿＿＿＿＿＿＿＿＿＿＿ (3)＿＿＿＿＿＿＿＿＿＿＿＿＿＿＿＿ (4)＿＿＿＿＿＿＿＿＿＿＿＿＿＿＿＿ 8. 活塞式输油泵的输油量可根据＿＿＿＿＿＿调节				

续上表

输油泵拆装步骤 （概括性描述）	1.拆卸步骤： （1）_____ （2）_____ （3）_____ （4）_____ （5）_____ （6）_____ （7）_____ （8）_____ （9）_____ （10）_____ 2.装配步骤： （1）_____ （2）_____ （3）_____ （4）_____ （5）_____ （6）_____ （7）_____ （8）_____ （9）_____ （10）_____
拆装过程技术要求	1.拆卸过程前应_____工作场所、所用设备、工具等； 2.操作时应_____，以免碰坏零件的精密表面； 3.装配前应将所有零部件仔细清洗干净，_____后方可进行装配
讨论与总结	
评价体系	1.个人评价：_____ _____ 2.小组评价 （1）任务工单的填写情况(优、良、合格、不合格)：_____ （2）团队协作与工作态度评价：_____ （3）质量意识和安全环保意识评价：_____ 小组成员签名：_____ _____ 3.指导教师综合评价：_____ 指导教师签名：_____

知识要点

一、输油泵的功用

(1)保证有足够数量的柴油自燃油箱输送到喷油泵。
(2)维持一定的供油压力以克服管路及燃油滤清器阻力,使柴油在低压管路中循环。

二、输油泵的类型

(1)活塞式。
(2)膜片式(常作为分配上喷油泵的输油泵)。
(3)滑片式(常作为分配上喷油泵的输油泵)。
(4)齿轮式。

三、活塞式输油泵的结构与工作原理

活塞式输油泵结构简单、使用可靠、加工安装方便,因此在柴油机上使用比较广泛。现以活塞式输油泵为例,介绍输油泵的工作原理,如图10-1所示。

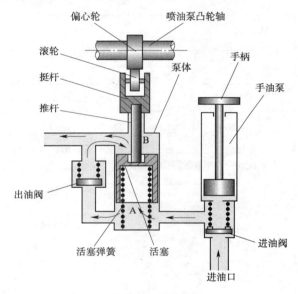

图 10-1 输油泵的工作原理

当喷油泵凸轮轴旋转时,在偏心轮和活塞弹簧的共同作用下,油泵活塞在输油泵体内做往复运动。

当输油泵活塞在活塞弹簧的作用下向上运动时,A 腔内容积增大,产生真空,进油阀开启,柴油经进油口被吸入 A 腔。与此同时,B 腔容积减少,柴油压力增高,出油阀关闭,B 腔中的柴油经出油口被压出,送往燃油滤清器和喷油泵。

当偏心轮推动滚轮,挺柱和推杆使输油泵活塞向下运动,此时,A 腔油压增高,进油阀关闭,出油阀开启,柴油从 A 腔流入 B 腔。

四、活塞式输油泵输油量自动调节原理

活塞式输油泵输油量自动调节原理,如图10-1所示。

当输油泵的供油量大于喷油泵的需要量,或柴油滤清器阻力过大时,油路和下泵腔油压升高,若此油压与活塞弹簧弹力相当,则活塞就停在某一位置,不能回到下止点,即活塞的行程减小,从而减少了输油量,并限制油压的进一步升高,这样,就实现了输油量和供油压力的自动调节。

技能鉴定与考核评定

工程机械维修工职业技能鉴定操作技能考核评分记录,见表10-2。

工程机械维修工职业技能鉴定操作技能考核评分记录表　　　　表10-2

学号:_____　姓名:_____　班级:_____　成绩:_____

项目:输油泵的拆装　　　　　　　　　　　　　　　　　规定时间:30min

序号	项　目	评 分 要 素	配分	评 分 标 准	得分
1	基本概念	(1)简述输油泵的功用; (2)简述输油泵的主要零件	10	结合实物,讲不清楚的每项扣2~5分	
2	工量具的使用	选用、使用工量具应正确	10	选用、使用工量具不正确的扣2~5分	
3	拆卸工艺要求及注意事项	(1)一般零件的拆卸工艺要求; (2)精密零件的拆卸工艺要求; (3)拆卸的熟练程度	20	(1)结合实物,讲不清楚的每项扣5分; (2)边讲边示范,不熟练扣5分; (3)违反操作规程扣10分	
4	零件检验的方法	(1)出油阀偶件的检验; (2)出油压力的检验; (3)喷射锥角的检验; (4)其他零件的检验	30	(1)结合实物,讲不清楚的每项扣5分; (2)边讲边示范,不熟练的扣5分	
5	装配工艺要求与配合间隙	(1)凸轮轴的装配; (2)出油阀偶件的装配; (3)出油压力机构的装配。	30	(1)结合实物,讲不清楚的每项扣5分; (2)边讲边示范,不熟练的扣5分; (3)违反操作规程的扣10分	
6	总计		100		

评分人:　　　　　　　　　　　　　　　　　　　　　　年　月　日

学习任务十一 润滑油路的认知

> **任务目标**
> 1. 能熟练辨认润滑油路中的零部件。
> 2. 熟知润滑油路中零件的作用。
> 3. 能熟练说出润滑油路路线。
> 4. 能牢记安全操作要求。

 学习准备

一、润滑油路辨认原则

(1) 从润滑油在发动机中的储存地——油底壳,开始辨认。
(2) 润滑油需要过滤。
(3) 润滑油需要冷却。
(4) 润滑油到主油道后将进行分路润滑。

二、操作要求

(1) 遵守实训室安全规则。
(2) 做到先观察、思考,后执行。
(3) 有问题时,小组需进行详细讨论后再执行下一步。
(4) 操作过程中及时进行记录,方便后期学习。

 任务工单

任务工单见表11-1。

任务工单十一　　　　　　　　　　　　　　　　　　　　表11-1

润滑油路的认知		日期		总分	
		班级		组号	
		姓名		学号	
能力目标	1. 能熟练辨认润滑油路中的零部件; 2. 熟知润滑油路中零件的作用; 3. 能熟练说出润滑油路路线; 4. 能够牢记安全操作规则				
设备、工量具准备	发动机(康明斯)				
拆前准备	1. 安全操作规程; 2. 认知要求				

续上表

读取信息	柴油机名称		柴油机型号	
	缸数		冷却方式	
	缸径		汽缸类型	
	冲程数			

关键操作点	1. 润滑系知识的正确使用； 2. 润滑系油路认知要点； 3. 场地的整理
润滑油路认知须知	1. 润滑油的作用： (1) _____ (2) _____ (3) _____ (4) _____ (5) _____ (6) _____ (7) _____ 2. 润滑系的作用：_____ _____ _____ 3. 保证发动机润滑的条件有： (1) _____ (2) _____ (3) _____ (4) _____ 4. 发动机各部件的润滑方式主要有： (1) _____ (2) _____ (3) _____ 5. 润滑系的主要零件有 _____ _____ 等 6. 机油泵的类型主要有 _____ _____ 等
润滑油路认知概括性描述	1. _____ 2. _____ 3. _____ 4. _____ _____ 5. _____ _____

续上表

润滑油路认知过程安全要求	1. 认知过程前应＿＿＿＿＿＿＿工作场所、所用设备等； 2. 操作时应＿＿＿＿＿＿＿，以免碰坏零件； 3. 操作后应将＿＿＿＿＿＿＿后方可离场
小组讨论与总结	
评价体系	1. 个人评价 ＿＿ 2. 小组评价 (1) 任务工单的填写情况(优、良、合格、不合格)：＿＿＿＿＿＿＿＿＿＿＿＿＿＿＿ (2) 团队协作与工作态度评价：＿＿＿＿＿＿＿＿＿＿＿＿＿＿＿＿＿＿＿＿ (3) 质量意识和安全环保意识评价：＿＿＿＿＿＿＿＿＿＿＿＿＿＿＿＿＿ 小组成员签名：＿＿ 3. 指导教师综合评价：＿＿＿＿＿＿＿＿＿＿＿＿＿＿＿＿＿＿＿＿＿＿＿＿＿ 指导教师签名：＿＿＿＿＿＿＿＿＿＿＿＿＿＿＿＿＿＿

 知识要点

一、保证发动机润滑的条件

1. 有足够的润滑油量和合适的压力

足够的油量才能保证各个需要润滑的表面有足够的油来形成油膜，从而提高零件的使用寿命。合适的压力是保证润滑油能被可靠地送达各个摩擦表面的必要条件。

2. 运动件表面之间要有合适的间隙

当有足够的润滑油后，还必须在两个相对运动的运动件之间留有一定的间隙，才能使润滑油进入到两个运动件表面之间。当两个表面逐渐靠近时，润滑油被挤到一个窄的空间而产生一个压力，这个压力将两个表面强制分离，从而形成完整的油膜。

3. 要有足够快的速度

如果轴的转速不够快，它将没有足够快的速度带动或泵压足够量的润滑油进入压力楔，补充从轴承两端漏掉的润滑油量，从而无法保持完整的油膜润滑。

4. 润滑油必须有适当的黏度

在速度、负荷、油膜厚度都稳定的条件下，润滑油的黏度越大，摩擦阻力越大，摩擦系数也大，机械摩擦损失功率也越大。但是，选用的润滑油黏度应与转速、负荷配合适当，机械就能处于合适的流体膜摩擦范围内工作，摩擦系数低，机械磨损就小，所以控制润滑油的黏度非常重要。

二、润滑油的作用

1. 润滑

在零件的摩擦表面形成油膜,减少零件的摩擦、磨损和功率消耗。

2. 清洁

发动机在工作时会有杂质产生,也会有外部的杂质侵入。发动机在工作时零件之间会因摩擦而产生金属屑,同时也会有燃油和润滑油中的固态杂质以及燃烧时产生的固态杂质,另外,会有外部的尘埃进入。一旦这些杂质进入零件表面,将形成磨料,大大加剧零件的磨损。润滑油会将这些磨料带走,使磨料随润滑油回到油底壳,从而起到清洁的作用。

3. 冷却

发动机由于摩擦和高温燃烧产生较高的温度。润滑油流经零件表面时可吸收温度,汽缸壁上形成的油膜可冷却摩擦表面,从而起到降温的作用。

4. 密封作用

在运动零件之间、汽缸壁上形成的油膜可以提高密封性,防止漏气和漏油。

5. 防锈作用

在零件表面形成油膜,防止零件生锈。

6. 液压作用

利用润滑油作为液压油。

7. 缓冲作用

在运动零件表面形成油膜,吸收冲击减小振动。

三、润滑系的作用

润滑系的功用是向相对运动的零件表面输送定量的清洁润滑油,以实现液体摩擦,减小摩擦阻力,减轻机件的磨损,并对零件表面进行清洗和冷却。

四、润滑方式

发动机运动副的工作条件不同,对润滑强度的要求也不同。它取决于工作环境好坏、承受荷载的大小和相对运动速度的大小。发动机各部件的主要润滑方式,见表11-2。

发动机各部件主要润滑方式　　　　　　表11-2

序号	润滑方式	应用范围	润滑原理	举例
1	压力润滑	负荷大,相对运动速度高的工作表面	利用润滑油泵加压,通过油道将润滑油输送到摩擦表面	主轴承、连杆轴承、凸轮轴轴承、气门摇臂轴等
2	飞溅润滑	外露、负荷小、相对运动速度小的工作表面	依靠从主轴承和连杆轴承两侧甩出的润滑油和油雾进行润滑	凸轮与连杆、偏心轮与汽油泵摇臂、活塞销与销座及连杆小头等
3	定期润滑	辅助机件	定期加注润滑脂	

五、润滑油的分类与选用

1. SAE(Society of Automotive Engineering,美国汽车工程师学会)**黏度分类法**(图11-1)

冬季油有6个牌号,即SAE0W、SAE5W、SAE10W、SAE15W、SAE20W和SAE25W。符号

W 代表冬季,W 前的数字越小,其低温黏度越小,低温流动性越好,适用的最低气温越低(冷起动性能好)。

夏季油有 4 个牌号,即 SAE20、SAE30、SAE40 和 SAE50。机油黏度随数字增大而增大,大标号的油品适合于更高温度环境下使用。

冬夏通用油牌号分别为:5W/20、5W/30、5W/40、5W/50、10W/20、10W/30、10W/40、10W/50、15W/20、15W/30、15W/40、15W/50、20W/20、20W/30、20W/40、20W/50,代表冬用部分的数字越小、代表夏季部分的数字越大,适用的气温范围越大。

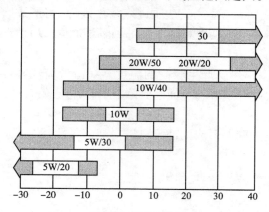

图 11-1 润滑油分类

2. API(American Petroleum Institute,美国石油学会)**分类**

S 系列用于汽油机,有 SA、SB、SC、SD、SE、SF、SG 和 SH,共 8 个级别。

C 系列用于柴油机,有 CA、CB、CC、CD 和 CE,共 5 个级别。

级别越靠后的机油,适用性能越好。

例如:标号为 SAE10WSD,表示黏度分类是 SAE10W,质量级别为 API SD 的冬季汽油机油;标号为 SAE30SD,表示黏度分类是 SAE30,质量级别为 API SD 的夏季汽油机油;标号为 SAE10W—30SD(或 SAE10W/30SD),表示黏度分类是既满足 SAE10W,又满足 SAE30 冬夏通用汽油机油,其质量等级为 API SD 级。

3. 润滑油添加剂

1)润滑脂

润滑脂是稠化剂 + 液体润滑剂→固体/半固体产品。

2)润滑脂的分类

钙基润滑脂、钠基润滑脂、钙钠基润滑脂、复合钙基润滑脂、通用锂基润滑脂、石墨钙基润滑脂。

3)润滑油选用原则

(1)在保证发动机润滑可靠的前提下,选用低黏度的润滑油,以减少摩擦损失和有利于发动机的起动。

(2)根据发动机的工作条件,选用润滑油。

低速发动机相对运动零件间油膜不易形成;旧发动机零件间间隙较大,润滑油易流动;大负荷或强化发动机轴承受力大,油膜不易形成,均需高黏度的润滑油。

(3)主要根据环境温度来选择,需要时要及时更换不同级别的机油。在炎热地区或夏季气温较高地区,宜选用高黏度的机油。

4）润滑油添加剂的作用和种类

添加剂是一种有机化学制剂,滑油中加入少量添加剂的作用如下：

（1）提高基础油的性能（如黏度指数添加剂）。

（2）增加基础油本身不具备的性能（如极压添加剂）。

（3）恢复并增强在精制过程中失掉的性能（如抗氧化添加剂）。

在合适的基础油中加入各种适量的添加剂可以改善润滑油的使用性能。使用哪种添加剂主要取决于发动机对润滑油的要求。但一般使用的添加剂大致可分为两大类。一类是影响化学性质的：如抗氧化剂、抗腐蚀和防锈添加剂、减磨剂、清净分散剂和高碱性添加剂等等。另一类是影响物理性质的：如降凝剂、消泡沫剂、增黏剂、固体浮游添加剂和乳化剂等。

某些重要的添加剂可混合后使用。例如,把抗氧化剂和极压添加剂结合在一起；把清净剂和抗氧化剂结合在一起。这类添加剂叫作多效能添加剂。

六、润滑系的组成

发动机的润滑系统主要有储存部件、泵送部件、滤清部件、冷却部件、压力温度检测部件等。对于不同的系统稍有差别。现代柴油机根据其润滑油大量储存的位置不同,可分为湿式油底壳和干式油底壳两大类。

干式油底壳润滑系统的特点是：回流到油底壳内的润滑油不断被一只或两只吸油泵抽出,并输送到位于发动机外边的储油箱中,燃油由另一只压油泵将润滑油送到发动机内部的润滑系统中去。

在激烈的驾驶条件下,采用飞溅润滑的湿式油底壳可能会因离心作用的问题进而导致润滑油供给困难,造成润滑不足的情况,在一定程度上制约着车辆的性能。取消油底壳后,发动机的重心得到降低,提高了车辆的操控性；大尺寸机油泵很容易从高处的储油罐中抽取机油,在大功率发动机的帮助下,流动的润滑油会被送到需要润滑之处。

润滑系主要组成如下：

1. 油底壳

其作用是收集、储存、冷却及沉淀润滑油。

2. 润滑油泵

为了保证润滑部位得到必要的润滑油量,主油道必须具有一定的供油压力。机油泵的作用就是将足够量的润滑油以足够的压力供给主油道,以克服机油滤清器及管道的阻力。

机油泵通常采用齿轮式和转子式两种结构形式,见表11-3。

机 油 泵 类 型　　　　　　　　　　　　　　表11-3

序号	工作原理	图形
转子式机油泵	机油泵工作时,内转子带动外转子朝同一个方向旋转。由于内外转子不同心,而且齿数不相等,所以在旋转过程中将内外转子之间的空腔分割成几个互不相通、容积不断变化的空腔。正对进油道一侧面的空腔,由于转子脱离啮合,容积逐渐增大,产生真空吸力,润滑油被带到出油道一侧,这时转子进入啮合,空腔容积减少,润滑油从齿间挤出,并经出油道压送出去	

续上表

序号	工作原理	图形
齿轮式机油泵	油泵工作时,主动齿轮和被动齿轮啮合旋转,进油腔容积增大,腔内产生真空度,润滑油从进油口被吸进,充满进油腔。齿轮旋转时把齿间储存的润滑油带到出油腔内,由于出油腔一侧轮齿进入啮合,出油腔容积减少,油压升高,润滑油便经出油口压送出去。由此不断啮合旋转而连续不断地泵油,轮齿在进入啮合时,啮合齿间的润滑油由于容积变小而产生很大的推力,为此在泵盖上开出一条卸荷槽,使齿间挤出的润滑油可以通过卸荷槽流向出油腔	（主动齿轮、出油腔、从动齿轮、进油腔、壳体）

3. 滤清器

机油滤清器主要有三种,如表 11-4 所示。

机油滤清器分类　　　　表 11-4

序号	类型		特点	作用	位置	流量比例(%)	图形
1	集滤器	浮式集滤器	浮于润滑油表面,能吸入油面上较为清洁的润滑油,但当油面上的泡沫被吸入时,油道中润滑油压力降低,润滑欠可靠	防止较大的机械杂质进入机油泵	装在机油泵之前的吸油口端	100	
		固定式集滤器	集滤器淹没于润滑油下面,吸入的机油清洁度较差,但可防止泡沫吸入,润滑可靠,结构简单				
2	粗滤器			滤去润滑油中粒度较大(0.05～0.1mm以上)的杂质	串联在机油泵与主油道之间	70～90	（手柄、旁通阀、刮片、滤清片、放油塞、外壳、隔片、滤芯轴）
3	细滤器			滤去润滑油中粒度小于0.05mm的杂质	与主油道并联	10～30	

4. 机油冷却器

其作用是使润滑油散热,保证润滑油在合适的温度范围内工作。机油冷却器的类型有水冷式和风冷式两种。

将机油冷却器置于冷却水路中,利用冷却水的温度来控制润滑油的温度。当润滑油温度高时,靠冷却水降温,发动机起动时,则从冷却水吸收热量使润滑油迅速提高温度。机油冷却器由铝合金铸成的壳体、前盖、后盖和铜芯管组成,如图11-2所示。为了加强冷却,管外又套装了散热片。冷却水在管外流动,润滑油在管内流动,两者进行热量交换。也有使油在管外流动,而水在管内流动的结构。

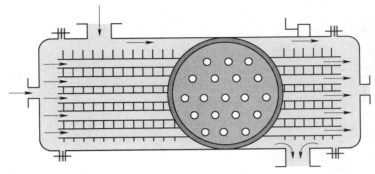

图11-2 机油冷却器

5. 机油尺和机油压力表

机油尺是用来检查油底壳内油量和油面高低的。它是一片金属杆,下端制成扁平,并有刻线。润滑油油面必须处于油尺上下刻线之间。

机油压力表用以指示发动机工作时润滑系中润滑油压力的大小,一般都采用电热式机油压力表,它由油压表和传感器组成,中间用导线连接。传感器装在粗滤器或主油道上,它把感受到的润滑油压力传给油压表,油压表装在驾驶室内仪表板上。

七、润滑油路分析

以康明斯发动机为例进行油路分析,见图11-3。

其润滑油路线,如图11-4所示。

康明斯NT855型柴油机润滑系采用全流式机油冷却和旁流式机油滤清器。用于小松D80A-18推土机的柴油机。同时使用全流式和旁流式机油滤清器,可使润滑油达到较好的净化和滤清效果。

机油泵安装在发动前端左下侧外部,为两连齿轮泵。安全阀设在机油泵体上;机油滤清器安装在柴油机左侧;机油粗滤器和水冷式机油散热器连成一体,装在柴油机左侧;散热器座上还设有调压阀;转向液压油散热器以及离合器油散热器与机油散热器连为一体,分别散热。

安全阀的使用是限制润滑系统油压不得过高,其调定压力为890~940kPa。机油泵送出的压力

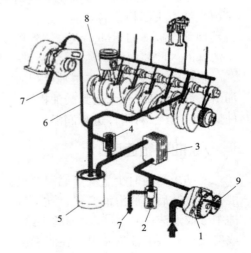

图11-3 康明斯发动机燃油系统
1-机油泵;2-限压阀;3-机油散热器;4-滤清器旁通阀;5-机油滤清器;6-增压器输油管;7-增压器回油管;8-活塞冷却喷嘴;9-机油泵惰轮

机油,大部分经油管进入散热器座,少部分经细滤器旁路排回油底壳。进入散热器的润滑油冷却并经精滤器滤清后,再由散热器座送出。调压阀设在散热器座上,调整调压阀可改变系统油压范围,其调定压力为(440±40)kPa。与粗滤器并联有一旁通阀,当粗滤器堵塞时可提供润滑油通路,阀压280~350kPa,起安全作用。

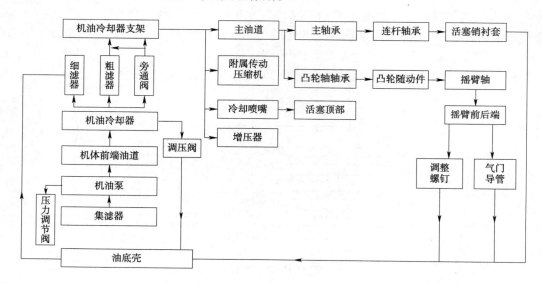

图11-4 NT855型柴油机润滑油路线示意图

经冷却和滤清后的压力润滑油由散热器座送到主油道,在此,润滑油开始分流润滑。

一路通过一供油软管进大增压器,增压器回流的润滑油通过回油软管流回曲轴箱中。

进入主油道的润滑油,通过钻孔油道被送到主轴承、连杆轴承、活塞销衬套、凸轮轴衬套、凸轮随动臂轴及随动臂、摇臂轴和摇臂等,然后流回油底壳中。

由于采用增压器活塞承受的负荷大,温度较高,因此,对活塞必须进行冷却。活塞冷却是由主油道头部相通的输油道来供油的。一个活塞冷却油道在缸体右侧,自汽缸体前部一直延伸到汽缸体的后部。汽缸体外侧安装有6个活塞冷却喷嘴,它们自活塞冷却油道向每个活塞的内腔喷射润滑油,对活塞进行冷却。

附件传动的润滑是与主轴道相通的输油道供油的。一个相交油道将从输油道来的润滑油引出汽缸体的前部,送到柴油机排气管一侧的齿轮室盖中,通过一油管将油送到齿轮及附件传动轴套上,对附件进行润滑。

八、曲轴箱通风

发动机运转时少量的可燃混合气和废气经活塞与汽缸壁的间隙泄漏到曲轴箱内,可燃混合气凝结后使润滑油变稀、性能变坏。废气内含有水蒸气和二氧化硫,水蒸气凝结在润滑油中形成泡沫,会破坏润滑油的供给,这种现象在冬季尤为严重。二氧化硫遇水生成亚硫酸或硫酸。这些酸性物质出现在润滑系中,会使零件受到腐蚀。此外,由于可燃混合气和废气进入曲轴箱内,曲轴箱内的压力便增大,润滑油将从油封、衬垫等处渗漏。因此,为了延长润滑油的使用期限、减少零件的磨损和腐蚀、防止机油渗漏,必须使曲轴箱通风。

1. 自然通风

将曲轴箱内的气体直接导入大气中去,这种通风方式称为自然通风,如图11-5所示。

在与曲轴箱连通的气门室盖或润滑油加注口接出一根下垂的出气管,管口处切成斜口,切口的方向与机械行驶的方向相反。由于机械的前进和冷却系风扇所造成的气流作用,使管内形成真空而将废气吸出。

2. 强制封闭式通风

非增压柴油机强制封闭式通风装置,如图 11-6 所示。

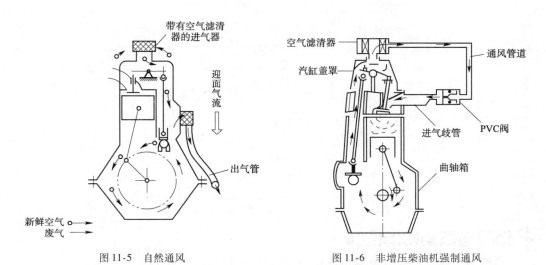

图 11-5　自然通风　　　　　　　图 11-6　非增压柴油机强制通风

进入曲轴箱内的可燃混合气和废气在进气管真空度的作用下,经挺柱室、推杆孔进入汽缸盖后罩盖内,再经小空气滤清器、管路、单向阀、进气歧管进入燃烧室。新鲜空气经汽缸盖前罩盖上的小空气滤清器进入曲轴箱。为了降低曲轴箱通风抽出的润滑油消耗,除在汽缸盖后罩盖内装有挡油板外,在后罩盖上部还装有起油气分离作用的小滤清器,在管路中串联曲轴箱单向阀。单向阀的结构与工作原理,如图 11-7 所示。

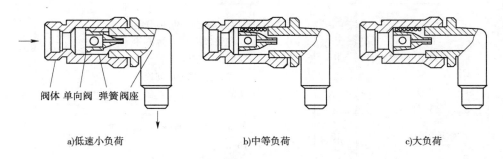

图 11-7　单向流量控制阀结构与工作情况

发动机小负荷低速运转时由于进气管真空度大,单向阀克服弹簧力被吸在阀座上,曲轴箱内的废气只能经单向阀上的小孔进入进气管,流量较小。随着发动机转速提高、负荷加大,进气管真空度降低,弹簧将单向阀逐渐推开,通风量也逐渐增大。发动机大负荷工作时单向阀全开,通风量最大,从而可以更新曲轴箱内的气体。

增压发动机可利用抽气管将曲轴箱体内的气体通到增压器的吸气端,有较好的通风效果。道依茨发动机采用的就是这种通风装置,如图 11-8 所示。

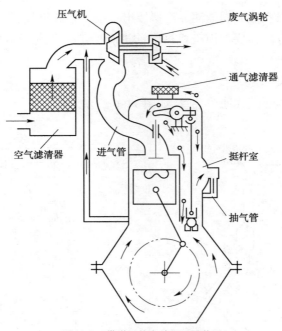

图 11-8 带增压的发动机通风装置

技能鉴定与考核评定

工程机械维修工职业技能鉴定操作技能考核评分记录,见表 11-5。

工程机械维修工职业技能鉴定操作技能考核评分记录表　　表 11-5

学号:＿＿＿＿　姓名:＿＿＿＿　班级:＿＿＿＿　成绩:＿＿＿＿

项目:润滑油路的认知　　　　　　　　　　　　　　　　规定时间:20min

序号	评分要素	配分	得分	权重	评分标准	考核记录	扣分	得分
1	操作前漏检冷却水、润滑油、燃油等项目	10			漏检的每项扣 10 分			
2	应能正确说出组成部件	10			有下列之一的扣 10 分: (1)名称与实物不相符的; (2)超过规定时间说不出的			
3	应能清洁现场	10			不能清洁现场的扣 10 分			
4	应能遵守安全操作规程	10			操作中没有适时切断电源的扣 10 分			
5	应能根据实物辨别出各组成部件并能输出其作用	40			(1)不能指出但能说出名称的扣 20 分; (2)能指出但说不出名称的扣 20 分			

续上表

序号	评分要素	配分	得分	权重	评分标准	考核记录	扣分	得分
6	操作后的归位、清洁等工作	10			没有处理的扣20分			
7	规定考核时间到停止操作	10			规定考核时间到后不停止操作的扣10分			
8	总计	100						

评分人：　　　　　　　　　　　　　　　　　　　　　年　月　日

学习任务十二 冷却循环路线的认知

 任务目标

1. 能熟练辨认冷却循环路线中的零部件。
2. 熟知冷却循环路线中零件的作用。
3. 能熟练说出冷却循环路线。
4. 能牢记安全操作要求。

学习准备

一、冷却循环路线辨认原则

（1）冷却水需要一定的水压才能输送到机体等部件中进行冷却。
（2）从提供水压的装置——水泵开始辨认。
（3）如果水温达到一定的温度，需要节温器进行工作。
（4）当节温器工作时，冷却循环路线将改变。

二、操作要求

（1）遵守实训室安全规则。
（2）做到先观察、思考，后执行。
（3）有问题时，小组需进行详细讨论后再执行下一步。
（4）操作过程中及时进行记录，方便后期学习。

 任务工单

任务工单见表12-1。

任务工单十二　　　　　　　　　　　　　　　　　　　　表12-1

冷却循环路线的认知		日期		总分	
		班级		组号	
		姓名		学号	
能力目标	1. 能熟练辨认冷却循环路线中的零部件； 2. 熟知冷却循环路线中零件的作用； 3. 能熟练说出冷却循环路线； 4. 能够牢记安全操作规则				
设备、工量具准备	发动机（康明斯）				
拆前准备	1. 安全操作规程； 2. 认知要求				

续上表

读取信息	柴油机名称		柴油机型号	
	缸数		冷却方式	
	缸径		汽缸类型	
	冲程数			
关键操作点	1. 冷却系知识的正确使用； 2. 冷却循环路线认知要点； 3. 场地的整理			
冷却循环路线认知须知	1. 冷却系的作用：_____ _____ 2. 发动机冷却方式有： (1) _____ (2) _____ 3. 发动机过热的危害有： (1) _____ (2) _____ (3) _____ (4) _____ 4. 发动机过冷的危害有： (1) _____ _____ (2) _____ _____ (3) _____ _____ (4) _____ _____ 5. 水冷却是指_____ _____ 6. 风冷却是指_____ _____ 7. 冷却系的主要部件有_____ _____ 8. 节温器的作用是_____ 9. 散热器的作用是_____ 10. 水泵的作用是_____ 11. 水泵由_____组成			
冷却循环路线认知 （概括性描述）	1. 小循环路线：_____ _____ 2. 大循环路线：_____ _____ 3. 复合循环路线：_____ _____			

129

续上表

冷却循环路线认知过程安全要求	1. 认知过程前应_____工作场所、所用设备等； 2. 操作时应_____，以免碰坏零件； 3. 操作后应将_____后方可离场
小组讨论与总结	
评价体系	1. 个人评价：_____ _____ _____ 2. 小组评价 (1)任务工单的填写情况(优、良、合格、不合格)：_____ (2)团队协作与工作态度评价：_____ (3)质量意识和安全环保意识评价：_____ 小组成员签名：_____ _____ 3. 指导教师综合评价：_____ 指导教师签名：_____

知识要点

一、冷却系的功用

发动机温度的高低一般用冷却介质的温度来衡量，正常的工作温度是80～90℃，过高或过低都会产生一些不良后果。

二、发动机冷却方式

根据发动机冷却介质的不同，其冷却方式可分为风冷却系统和水冷却系统。如表12-2所示。

发动机冷却方式 表12-2

系　　统	温　度　范　围
水冷却系	汽缸盖内冷却水温度在80～90℃
风冷却系	铝汽缸壁的温度为150～180℃，铝汽缸盖为160～200℃

工程机械和车用内燃机普遍采用的是水冷却系统。

三、发动机温度异常的危害

发动机要保证在合适的温度下才能正常工作。温度异常会影响发动机的正常工作,如表 12-3 所示。

发动机温度异常情况　　　　　　　　　　　　　　　表 12-3

冷却程度	后　果
过冷	热量散失过多,增加燃油消耗,冷凝在汽缸壁上的燃油流到曲轴箱中稀释润滑油,磨损加剧
不足	发动机过热,充气量减少,燃烧不正常,发动机功率下降,润滑不良,加剧磨损

四、水冷却系统

1. 作用

以水或空气流为介质,将发动机的热量适量地传送出来,以保证发动机的正常运转。

2. 组成

水冷却系统由散热器、水泵、风扇、节温器、水套和水温监测、控制装置等组成。

1)散热器

(1)作用:将高温冷却水的热量传递给空气,使冷却水温度降低。

(2)类型:管片式和管带式两种,如图 12-1 所示。

(3)材料。黄铜或铝。

(4)结构,如图 12-2 所示。

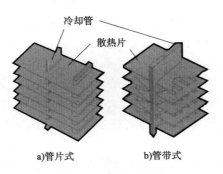

图 12-1　散热器的类型

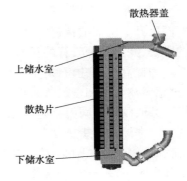

图 12-2　散热器

上储水箱上有加水口并装有散热器盖,后侧有进水管,用橡胶管与出水管相连。下储水箱下有放水开关,后侧有出水管,也用橡胶管与水泵的进水管相连,并用卡箍紧固。与发动机机体形成了连接,防止机械的振动损伤散热器。

2)水泵

(1)作用。对冷却水加压,促使冷却水在冷却系统中运动,以加强冷却效果。

(2)结构如图 12-3 所示。

(3)工作原理。来自散热器的冷却水经进水管留到叶轮的中心,并被叶轮带着一起旋转,由于离心力的作用,冷却水被抛向叶轮边缘,并且压力升高,后经出水管被压入缸体水套内。与此同时,叶轮中心形成低压,经进水管对散热器内的冷却水产生抽吸作用。

(4)特点。体积小,输水量大,工作可靠。

3)风扇

(1)位置。安装在散热器之后、发动机之前。

(2)作用。加快流经散热器和吹向机体气流的速度,提高散热器的散热能力,并带走发动机表面的热量。

4)节温器

(1)作用。根据发动机负荷大小和水温的高低自动改变水的循环流动路线,从而控制通过散热器冷却水的流量。

(2)类型。

①根据其结构和工作原理可为:蜡式皱纹桶式、金属热偶式。

②根据阀门的多少可分为:单阀式、多阀式。

③蜡式节温器根据其结构的不同可分为:两通式、三通式。

A.蜡式节温器结构,见图12-4。

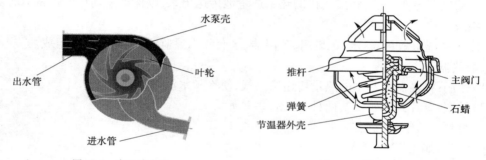

图12-3　离心式水泵　　　　图12-4　蜡式节温器

蜡式双阀反开节温器的构造。节温器的上支架和下支架与阀座构成一体,中心杆固定在上支架的中心,并插在橡胶管的孔内。中心杆的下端呈锥形,橡胶管与感应体之间的空间里装有石蜡。为提高导热性,石蜡中常掺有铜粉或铅粉,为防止石蜡外溢,感应体上端向内卷边,并通过感应体上盖和密封垫将橡胶管压紧在感应体的台肩上。感应体的上部与下部连在主阀门和旁通阀。主阀门有通气孔,它的作用是加水时水套内的空气经小孔排出,保证能加满冷却水。常温时石蜡呈固态,当水温低于349K时,弹簧将主阀门压在阀座上,同时将旁通阀向上提起,离开旁通阀座,使旁通管路开放。

当水温升高时,石蜡逐渐变成液态,体积随之增大,迫使橡胶管收缩,从而对中心杆锥状端头产生推力。由于中心杆上端是固定的,故中心杆对橡胶管和感立体产生向下的反推力,当发动机冷却水温度达到349K时,此时反推力可克服弹簧的张力迫使主阀门打开,旁通阀门即处于关闭状态。此时,内部压力可达到15kPa,主阀门的最大升程可达8~9mm。

B.工作原理及冷却水循环路线。

当冷却系的水温低于349K(76℃)时,感应体内的石蜡是固体,在弹簧的作用下反推杆伸进橡胶套内,旁通阀被推向下方,呈开启状态,主阀门下行呈关闭状态,冷却系中的循环水从汽缸盖出水口经旁通阀直接进入水泵进水口,这种从水泵加压进入水套,再由汽缸出水口出来直接又回入水泵的循环,称为小循环,在冷机起动和水温较低时使用。

当冷却系水温升高超过349K(76℃)时,石蜡开始变为液体,体积增大,将反推杆向上推则压缩弹簧,关闭旁通阀,打开主阀,从汽缸盖出水口出来的水则经主阀门和进水管进入散热器上储水箱,经冷却后流到下储水箱,再由出水口被吸入水泵的进水口,经水泵加压送入汽缸体分水管或水套中。这样的冷却水循环称为大循环。

当发动机内冷却水处于上述两种温度之间时,主阀门和旁通阀均部分打开,故冷却水的大小循环同时存在。此时,冷却水的循环称为混合循环。

其工作原理,如图12-5所示。

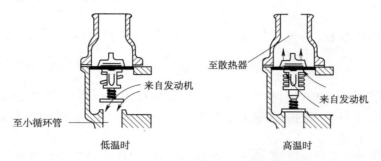

图12-5 节温器工作原理示意图

④散热器盖。

散热器盖是散热器上储水箱注水口的盖子,用以封闭加水口,防止冷却水溢出。

具有空气—蒸汽阀的散热器盖可根据散热器中的蒸汽压力与空气压力差,自动打开或关闭空气阀、蒸汽阀,以使散热器内部保持一定的压力但又不致因内外压力差过大而损坏。

有些进口机械的发动机散热器盖蒸汽阀开启压力设计高达0.1MPa,则水的沸点可高达393K(120℃),故散热能力更强。在发动机热状态下,需要注意不要立即取下散热器盖,以免蒸汽喷出烫伤。采用封闭自动补偿冷却系时,将散热器盖上的蒸汽排出管用橡胶软管与储液罐或膨胀箱相连即可。

3. 类型

水冷却系统根据冷却水的循环可分为自然对流和强制对流冷却两种,在筑路机械上普遍使用强制对流冷却系,如图12-6所示。

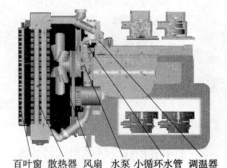

图12-6 水冷却系结构图

4. 特点

水冷却系在发动机中广泛采用。具有冷却可靠、布置紧凑、噪声小的特点。

五、风冷却系

1. 组成

风冷却系统由冷却风扇、导向罩组件、V带、张紧轮、缸套和缸盖外表面等零件组成。

1)风扇

(1)作用。

风扇是为了供给柴油机冷却的冷风,不断地将汽缸套、汽缸盖和机油散热器的热量带走,排出到大气中。

(2)要求。

风扇用 V 带带动,并装有自动张紧轮,使 V 带保持足够的张紧力。为了避免损伤 V 带,不准使用螺丝刀或其他类似工具进行拆装,如要取下风扇 V 带时,只需把张紧轮用力往里推即可。

2)导风罩

(1)作用。

导风罩的作用是为了更有效地利用气流,加强冷却,并且使汽缸和汽缸盖的温度均匀。

(2)组成。

导风罩由前导风板、导风罩上部、导风罩底板、导风板、汽缸套导风板、舌导风板等组成。

2. 作用

风冷却是把发动机中汽缸体、汽缸盖等零部件从内部吸收而传出的热量,利用高速空气流直接吸拂这些零部件的外表面,将热量散发到大气中,从而保持发动机的正常温度。

发动机最热的部分是汽缸盖,为了加强冷却性能,现代发动机的缸盖都用铝合金铸造。为了更充分有效地利用气流加强冷却,一般都装有高速风扇和导流罩。有的还设有分流板等进行强制冷却,以保证各缸冷却均匀。考虑各缸背风面的需要,装设汽缸导流罩,以使空气流经汽缸的全部圆周表面。

3. 特点

(1)冷却系统部件少,结构简单,使用维修方便和制造成本低,整机重量轻。

(2)对环境温度适应性强,风冷发动机缸体的温度较高,一般为 423~453K(150~180℃)。当温度低到 223K(-50℃)时,也能正常工作,在严寒无水的地区也能正常工作。

(3)发动机升温快,容易起动,工作温度高,燃烧物中的水分不易凝结,故对汽缸等机件的腐蚀性小。

(4)风冷却不如水冷却可靠,处于发动机风冷却系末端的部分冷却不够充分,热负荷较高,消耗功率大、噪声大,特别是在南方地区的夏季,持续的工作时间受到一定限制。

技能鉴定与考核评定

工程机械维修工职业技能鉴定操作技能考核评分记录,见表 12-4。

工程机械维修工职业技能鉴定操作技能考核评分记录表　　　　　表 12-4

学号:_____ 姓名:_____ 班级:_____ 成绩:_____

项目:冷却循环路线的认知　　　　　　　　　　　　　　　　规定时间:20min

序号	评分要素	配分	得分	权重	评分标准	考核记录	扣分	得分
1	操作前检查冷却水、润滑油、燃油等项目	10			漏检的每项扣 10 分			
2	应能正确说出组成部件	10			有下列之一的扣 10 分: (1)名称与实物不相符的; (2)超过规定时间说不出的			

续上表

序号	评 分 要 素	配分	得分	权重	评 分 标 准	考核记录	扣分	得分
3	应能清洁现场	10			不能清洁现场的扣 10 分			
4	应能遵守安全操作规程	10			操作中没有适时切断电源的扣 10 分			
5	应能根据实物辨别出各组成部件并能输出其作用	40			（1）不能指出但能说出名称的扣 20 分； （2）能指出但说不出名称的扣 20 分			
6	操作后的归位、清洁等工作	10			没有处理的扣 20 分			
7	规定考核时间到停止操作	10			规定考核时间到后不停止操作的扣 10 分			
8	总计	100						

评分人： 　　　　　　　　　　　　　　　　　　　　　　年　月　日

学习任务十三　发动机常见故障诊断与排除

任务目标

1. 能掌握发动机常见故障诊断与排除方法，并在过程中熟练应用。
2. 熟知发动机常见故障的原因。
3. 掌握工具的用途及使用方法，并能熟练使用拆装工具。
4. 能牢记操作技能要求。

学习准备

一、故障诊断与排除原则

（1）首先要保证清醒的头脑，并以认真负责、平静的心态去分析问题。
（2）查找故障时不能带着侥幸心理。
（3）查找故障要有整体性和全面性。
（4）尽量减少拆卸的步骤。

二、工具的使用

1. 世达工具

需要拆装时准备世达工具一套即可。世达工具的使用见学习任务一——发动机的拆装——工量具的使用。

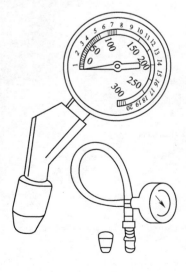

图 13-1　汽缸压力表

2. 检测工具

1）动态测功仪

（1）功能：动态测功仪既可以检查发动机的整机功率，又可以测量某汽缸的单缸功率。

（2）使用方法参照说明书。

2）汽缸压力表

汽缸压力表是一种专用的压力表。它由压力表头、导管、单向阀和接头等组成。压力表头多为鲍登管式，其驱动元件是一根扁平的弯曲成圆圈的管子，一端为固定端，另一端为活动端。活动端通过杠杆、齿轮机构与指针相连。当压力进入弯管时弯管伸直，于是通过杠杆、齿轮机构带动指针动作，在表盘上指示出压力的大小，其结构如图 13-1 所示。

汽缸压力表的接头有两种。一种为螺纹管接头，可以拧紧在喷油器的螺纹孔内；另一种锥形或梯形的橡胶接头，可以压紧在喷油孔上。

3）缸漏气量检验仪

（1）功能。在不解体的情况下判定汽缸与活塞组件、气门与气门座、缸盖与汽缸垫间的密封情况。

（2）结构如图13-2所示

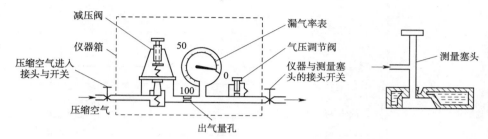

图13-2 汽缸漏气率检测仪结构示意图

（3）使用方法见说明书。

三、诊断操作要求

（1）正确使用检测仪器。

（2）所有数据分析等严格按照说明书进行。

任务工单

任务工单见表13-1。

任务工单十三　　　　　　　　　　　　　　　　　　　　　　表13-1

发动机常见故障诊断与排除		日期		总分	
		班级		组号	
		姓名		学号	
能力目标	1. 能正确使用工具和检测仪器； 2. 能够规范拆卸柴油机； 3. 能够正确分析故障原因； 4. 能够正确找出故障排除的方法				
设备、工具准备	康明斯柴油机、世达工具（150）、检测仪器等				
拆前准备	1. 安全操作规程； 2. 拆装技术要求				
读取信息	柴油机名称		柴油机型号		
	缸数		冷却方式		
	缸径		是否带增压		
	冲程				
关键操作点	1. 冷静思考，正确判断； 2. 正确使用拆装工具及检测仪器； 3. 能从故障现象寻求正确的解决方法				

续上表

诊断过程须知	1. 机械故障的定义是_____ _____ 2. 机械故障的分类方法有 (1)_____ (2)_____ (3)_____ (4)_____ (5)_____ (6)_____ (7)_____ 3. 故障诊断的目的是_____ _____ 4. 故障诊断的基本方法有 (1)_____ (2)_____ 5. 故障诊断的原则有 (1)_____ (2)_____ (3)_____ (4)_____ 6. 诊断参数是指_____
诊断过程技术要求	
讨论与总结	
评价体系	1. 个人评价：_____ _____ 2. 小组评价 (1)任务工单的填写情况(优、良、合格、不合格)：_____ (2)团队协作与工作态度评价：_____ (3)质量意识和安全环保意识评价：_____ 小组成员签名：_____ 3. 指导教师综合评价：_____ 指导教师签名：_____

 知识要点

一、机械故障的定义

所谓机械故障,就是指机械系统(零件、组件、部件或整台机械设备乃至一系列的机械设备组合)因偏离其设计状态而丧失部分或全部功能的现象。

故障是一个相对概念,发生故障是相对于某一个标准而言,所以确定一个故障需要进行相应的定性或定量的估计或测定,如发动机功率下降、油耗增加,都是故障的表现形式,当其超过了规定的指标,即发生了故障。

二、机械故障的分类

对故障进行分类的目的是为了明确故障的物理概念、估计故障的影响深度,以便分门别类地找出解决机械故障的对策。机械故障的分类,见表13-2。

机械故障的分类　　　　　　　　　表13-2

分类方法	故障类别	说　　　　明
按故障的性质	暂时性故障	这类故障带有间断性,在一定条件下只在短期内丧失某些功能,通过维护、调试,不需要更换零部件即可恢复系统的正常功能
	永久性故障	这类故障一般由设备中的某些零部件损坏所致,必须通过修复或更换零部件后才能消除故障
按故障的影响程度（永久性故障）	完全性故障	完全丧失设备所应具有的功能
	局部性故障	只有局部功能丧失
按故障发生、发展快慢	突发性故障	故障发生前无明显征兆,难以通过早期试验或测试来预测。这类故障发生时间很短暂,发展极快,一般带有破坏性,如转子叶片断裂、误操作导致的设备损毁等
	渐发性故障	设备在使用过程中零部件因疲劳、腐蚀、磨损等而导致设备性能逐渐下降,最终超出允许值而发生的故障,这类故障比例较大,具有一定规律性,并且一般可以通过早期状态监测和故障预报来预防
按故障严重程度	破坏性故障	这类故障既是突发性故障,而且故障发生后往往会危及设备和人身安全
	非破坏性故障	一般属渐发性和局部性故障,故障发生后暂时不会危及设备和人身安全
按故障发生原因	先天性故障	由于没能达到设计或生产制造要求,或设计本身有问题所引起的故障
	耗损性故障	正常磨损造成的故障
	错用性故障	由于使用应力超过规定值而造成的故障
按故障相关性	相关故障	也称为间接故障,这种故障是由于设备的其他部件所引起的,如轴承因断油而烧瓦的故障
	非相关故障	也称直接故障,是因为零部件本身直接因素引起的。对设备进行故障诊断应首先注意这类故障

续上表

分类方法	故障类别	说　　明
按故障发生的时期	早期故障	故障的产生可能是由于设计、加工或材料上的缺陷,在设备投入运行初期暴露、表现
	使用期故障	这类故障在设备的有效寿命内发生,通常是由于载荷和零部件故障等无法预知的偶然因素而引起的
	后期故障	也称耗散期故障,这类故障是由于长期使用,甚至超过设备规定的使用寿命后,因设备的零部件逐渐磨损、疲劳、老化等原因,使系统功能退化,最后导致系统发生突发性、危险性和全局性故障

三、故障诊断的目的和任务

1. 故障诊断的目的

(1) 及时、准确地对各种异常状态或故障状态作出诊断,预防或消除故障,最大限度地降低故障损失。

(2) 提高设备运行的可靠性、安全性和有效性,保证设备发挥最大的设计能力。

(3) 延长服役期限和使用寿命。

(4) 降低设备全寿命周期费用。

(5) 为设备结构改造、优化设计、合理制造及生产过程提供数据和信息。

2. 设备故障诊断的任务

(1) 监视设备的状态,判断其是否正常。

(2) 预测和诊断设备的故障并消除故障。

(3) 指导设备的管理和维修。

四、机械故障诊断的基本方法

1. 按诊断方法的难易程度分

1) 简易诊断法

简易诊断法主要采用便携式的简易诊断仪器,如测振仪、声级计、工业内窥镜、红外点温仪等,对设备进行人工监测,根据设定的标准或人的经验分析,判断设备是否处于正常状态。若发现异常,则通过监测数据进一步了解其发展的趋势。因此,简易诊断法主要解决的是状态监测和一般的趋势预报问题。

2) 精密诊断法

精密诊断法是对已产生的异常状态采用精密诊断仪器和各种分析手段(包括计算机辅助分析方法、诊断专家系统等)进行综合分析,以了解故障的类型、程度、部位和产生的原因及故障发展趋势等。由此可见,精密诊断法主要解决的问题是分析故障原因和较准确地确定发展趋势。

2. 按诊断的测试手段分

1) 直接观察法

直接观察法是依靠人感觉器官通过"听、摸、看、闻"来进行故障诊断,这种方法主要是依靠人的感觉和经验,而不需要复杂的仪器设备,成本低、使用率高,但当人的经验不足或者机械的复杂程度和技术含量增加时,这种方法往往不能解决问题。当然,随着技术的发展和进步,如光纤内窥镜、电子听诊仪、红外热像仪、激光全息摄影等现代手段的出现,大大增强了人的感官功能,使这种传统方法又成为一种有效的诊断方法。

2)振动噪声测定法

机械设备在动态下都会产生振动和噪声。研究表明,振动、噪声的强弱及其包含的主要频率成分和故障的类型、程度、部位及原因等有着密切的联系。因此,利用这种信息进行故障诊断是比较有效的方法,也是目前发展比较成熟的方法。特别是振动法,由于不受背景噪声干扰的影响,信号处理比较容易,因此应用更加普遍。

3)无损检验

无损检验是在不破坏材料表面及内部结构的情况下,检验机械零部件缺陷的方法。它使用的手段包括超声波、红外线、X射线、γ射线、声发射、渗透染色等。这一套方法目前已发展成一个独立的分支,在检验由裂纹、砂眼、缩孔等缺陷造成的设备故障时比较有效。其局限性主要是某些方法,如超声波、射线检测等有时不便于在动态下进行。

4)磨损残余物测定法

机器的润滑系统或液压系统的循环油路中携带着大量的磨损残余物(磨粒)。它们的数量、大小、几何形状及成分反映了机器的磨损部位、程度和性质,根据这些信息可以有效地诊断设备的磨损状态。目前,磨损残余物测定方法在工程机械和汽车、飞机发动机监测方面已取得了良好的效果。

5)机器性能参数测定法

机器的性能参数主要包括反映机器主要功能的一些数据,如内燃机的温度、功率、耗油量等。这些数据有些可以直接从机器的仪表上读出,有些需要借助于特定的仪器进行测定,由此可以判定机器的运行状态是否离开正常范围。这种机器性能参数测定方法主要用于状态监测或作为故障诊断的辅助手段。

五、柴油机常用诊断参数

诊断参数是柴油机诊断技术的重要组成部分。在柴油机不解体的条件下,直接测量发动机的结构参数变化的诊断对象是极少的。因此,在进行发动机诊断时,需要采用一些能够反映发动机技术状况的间接指标,这些间接指标就叫作"诊断参数",它是供发动机诊断用的,表征发动机技术状况的参数。在进行技术状况的诊断时,可检测有关的诊断参数,然后与标准值对照,即可确定发动机的技术状况。常用的柴油发动机诊断参数,如表13-3所示。

柴油机常用诊断参数　　　　　　　表13-3

诊断对象	诊断参数
发动机总体	功率,kW 曲轴角加速度,rad/s^2 单缸断油时功率下降率,% 油耗,L/h 曲轴最高转速,r/min 废气成分和浓度,%或ppm

续上表

诊断对象	诊断参数
汽缸活塞组	曲轴箱窜气量,L/min 曲轴箱气体压力,kPa 汽缸间隙(按振动信号测量),mm 汽缸压力,MPa 汽缸漏气率,% 发动机异响 机油消耗量,L/h
曲柄连杆组	主油道机油压力,MPa 连杆轴承间隙(按振动信号测量),mm
配气机构	气门热间隙,mm 气门行程,mm 配气相位(°)
柴油机供油系	喷油提前角(按油管脉动压力测量)(°) 单缸柱塞供油延续时间(按油管脉动压力测量)(°)各缸供油均匀度,% 每一工作循环工油量,mL/工作循环 高压油管中压力波增长时间,曲轴转角(°) 按喷油脉冲相位测定喷油提前角的不均匀度,曲轴转角(°) 喷油嘴初始喷射压力,MPa 曲轴最小和最大转速,r/min 燃油细滤器出口压力,MPa
供油系及滤清器	燃油泵清洗前的油压,MPa 燃油泵清洗后的油压,MPa 空气滤清器进口压力,MPa 涡轮压气机的压力,MPa 涡轮增压器润滑系油压,MPa
润滑系	润滑系机油压力,MPa 曲轴箱机油温度,℃ 润滑油含铁(或铜铬铝硅等)量,% 润滑油透光度,% 润滑油介电常数
冷却系	冷却水工作温度,℃ 散热器入口与出口温差,℃ 风扇皮带张力,N/mm 曲轴与发电机轴转速差,%
起动系	在制动状态下起动机电流,A;电压,V 蓄电池在有负荷状态下的电压,V 振动特性,m/s^2

六、发动机功率检测

发动机输出的有效功率,是发动机的一个综合性评价指标。通过该项指标可定性地确定发动机的技术状况,并定量地获得发动机的动力性参数。

1. 单缸功率的检测

1)检测仪器

动态测功仪。

2)检测目的

检查各缸动力性能是否一致。

3)检测方法

(1)先测出发动机的整机功率。

(2)再测出某缸断油或断火时的功率。

(3)两功率值之差即为断油或断火缸的功率。

4)判断方法

技术状况良好的发动机,各缸功率是一致的,否则将造成发动机运转不平稳。比较各缸功率,可判断各缸的工作状况。

2. 汽缸密封性的检测

汽缸密封性与汽缸、汽缸盖、汽缸衬垫、活塞、活塞环和进排气门等包围工作介质的零件有关。这些零件组合起来(以下简称为汽缸组)成为发动机的心脏,它们的技术状况好坏,不但严重影响发动机的动力性和经济性,而且决定发动机的使用寿命。在发动机使用过程中,由于上述零件的磨损、烧蚀、结胶、积炭等原因,引起了汽缸密封性下降。汽缸密封性是表征汽缸组技术状况的重要参数。

汽缸密封性的诊断参数主要有汽缸压缩压力、曲轴箱漏气量、汽缸漏气量或汽缸漏气率等。

1)汽缸压缩压力的检测

(1)检测仪器:汽缸压力表。

(2)检测条件。

发动机应运转至正常热状态,此时冷却水温度应达到85~95℃,润滑油温度应达到70~90℃。

(3)检测方法。

测量前先将喷油器安装孔周围清洗干净,避免异物落入汽缸。然后拆下全部喷油器,把专用汽缸压力表的锥形橡皮头插入被测缸的喷油器孔内,扶正压紧。将供油拉杆放置在停供的位置,用起动机带动发动机运转3~5s,其转速应在100~150r/min。待汽缸压力表指针指示并保持最大压力读数后停止转动。取下压力表,记下读数。按下单向阀,使压力表回零。按此法依次测量各缸,每缸测量不少于2次。

(4)检验标准。

汽缸压缩压力标准一般由制造厂提供。

(5)结果分析。

测得压力如果超过原厂的规定标准,说明燃烧室内积炭过多、汽缸垫过薄或汽缸体与缸盖接合平面经过多次修磨磨削过多;测得的压力如果低于原厂规定标准,可向该缸喷油器孔内注入 20~30mL 机油,然后重新用汽缸压力表测量汽缸压力值,并记录。

以上仅对汽缸活塞组不密封部位进行分析和推断,并不能十分有把握地确诊。为了准确地判断故障部位,可在测出汽缸压力之后,针对压力低的汽缸,采用汽缸漏气率的检测方法进行判断。

2)汽缸漏气率的检测

(1)检测仪器:漏气率测试仪。

(2)检测方法。

检测时,将发动机预热到正常工作温度后停机,拧下喷油嘴并清除安装部分周围的脏物,将第1缸活塞处于压缩行程某一位置,采用变速器挂挡或其他防止活塞被压缩空气推动的措施后,将仪器与气源接通,先关闭出气开关(仪器与测量塞头的接头开关),观察测试仪表上的指针是否在"0"点,若不在"0"点上,用调整螺钉进行调整,然后把测量塞头压紧在安装喷油嘴的孔上,打开出气开关(仪器与测量塞头的接头开关)向汽缸充气,测试仪表上的读数,即反应1缸的密封情况,其他缸也以此方法进行测量。

(3)判断方法。

在对汽缸充气过程中,若排气管内有漏气声,表明排气门密封不严;若进气管道内有漏气声,表明进气门密封不严;若在润滑油口处听到漏气声特别明显,则表明汽缸套与活塞组件磨损严重;若在水箱内有漏气声并伴有水泡,表明汽缸垫漏气;若被测汽缸的相邻喷油嘴安装孔有漏气声,则是汽缸垫在相邻缸间烧穿。

3)汽缸漏气量的检测

汽缸漏气量检测使用的仪器、检测的方法、判断故障的方法等,与汽缸漏气率的检测基本一致,只是汽缸漏气量检验仪的测量表标定单位为千帕。

七、与柴油机供给系统相关的典型故障的经验诊断

1. 起动困难故障

我国的相关标准规定,不采用特殊的低温起动措施,汽油机在-10℃、柴油机在-5℃以下的气温条件下起动发动机,15s 以内发动机应能自行运转。通常情况下,性能良好的柴油机在环境温度高于5℃时,5s 内应能顺利起运。

1)起动困难的原因

起动困难是柴油机使用过程中最常见的故障,但其原因却是非常复杂的。影响起动性能的主要因素有发动机结构、油料、起动系统的性能三大方面。

(1)发动机结构方面。

①低压油路不供油、油压过低、油路中有空气。

②高压泵的供油压力、供油时间、供油量不合要求;喷油器喷油压力、喷雾质量、喷油角度不合要求。

③空气滤清器塞,进气不足。

④由于配气机构和曲柄连机构的原因造成汽缸压缩力不足。

⑤气门间隙不准或配气相位不准。

(2)油料。

油料品质差或油料中有水等杂质,造成油料难以与空气形成可燃混合气。

(3)起动系统。

一般高速柴油机的起动转速应为 150～300r/min。起动转速不够,则发动机难以起动。起动转速不够的原因除了发动机本身结构因素(运转阻力过大)外,主要是起动机力矩不够、蓄电池电力下降及起动电路电阻过大所致。

2)起动困难故障的诊断与排除

起动困难故障现象不同其故障原因也不同,在进行故障诊断时,应首先区别现象,因为不同的现象已显示出故障的大致原因。

(1)起动机转动无力。

起动机运转无力的情况有两种,一种是较为显著,在起动过程中发动机有明显难以克服压缩上止点的表现;一种是发动机也能运转,但运转速度较慢。诊断与排除方法,如图 13-3 所示。

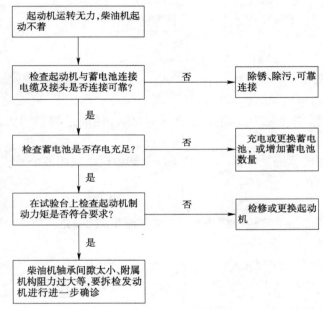

图 13-3 起动机转动无力故障排除

(2)起动转速正常,排气管无排烟。

排气管无排烟,说明没有油料进入汽缸。诊断与排除方法,如图 13-4 所示。

(3)起动转速正常,并伴随着白烟或灰烟排出。

排白烟或灰烟,说明有油进入气缸,但油只是蒸发成气态,而未能着火燃烧。其原因主要有:

①柴油品质差或混入水分。

②汽缸压缩力不足。

③供油时间过晚。

④缸垫冲坏。

(4)起动转速正常,并伴有黑烟排出。

排气冒黑烟,说明发动机有个别缸着火,但不足以维持运转。主要原因有:

①喷油器雾化不良。

②喷油泵供油时间不准。

③进气量不足。

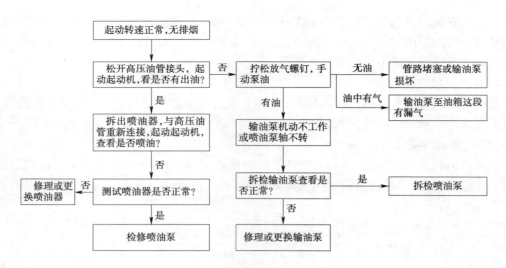

图 13-4 起动转速正常,排气管无排烟故障排除

2. 柴油机功率不足

柴油机功率不足的外部表现:对于运输车辆来说是加速无力、爬坡吃力;对于工程机械来说是工作装置动作缓慢无力。柴油机功率不足时,耗油量都会增大,还往往伴有异常烟色。

柴油机功率不足的原因是多方面的,几乎涉及柴油机组成的各个系统。

1) 进排气系统故障

(1) 空气滤清器不清洁。

空气滤清器不清洁会造成进气阻力增加,空气流量减少,充气效率下降,致使发动机动力不足。

(2) 排气管阻塞或阻力过大。

排气管阻塞会造成排气不畅通,排气终了的压力过大,充气效率下降。残留废气过多,影响下一个循环的燃烧。

2) 配气机构故障

(1) 气门密封不严漏气,造成汽缸压缩力不足。

(2) 气门间隙不准,造成进气或排气不净。

(3) 配气相位不准,造成充气效率下降。

(4) 气门弹簧损坏会造成气门复位困难、气门漏气。

3) 冷却系统

(1) 水温过高易造成润滑失效、摩擦阻力增大。

(2) 水温过低则热损失加大。

4) 润滑系统故障

润滑不良,则摩擦损失增大。

5) 曲柄连杆机构故障

(1) 活塞与缸套拉伤。

活塞与缸套拉伤严重或磨损,以及活塞环结胶造成摩擦损失增大,造成发动机自身的机械损失增大。

(2)活塞与汽缸间隙过大,活塞环老化或工作不良造成汽缸压缩力不足,压缩终了的温度、压力不足。

(3)汽缸垫损坏或汽缸盖与机体的接合面密封不良,造成汽缸漏气。

(4)喷油器安装孔漏气。

(5)连杆轴瓦与曲轴连杆轴颈表面咬毛,摩擦阻力过大。

6)燃料供给系统故障

(1)供油提前角过大或过小。

供油提前角过大或过小会造成油泵供油时间过早或过晚,使燃烧过程不是处于最佳状态。

(2)燃油滤清器或管路内进入空气或阻塞,造成油路不畅通、动力不足,甚至着火困难。

(3)喷油偶件损坏造成漏油、咬死或雾化不良。

(4)喷油泵供油不足。

此外,对于增压柴油机,除以上原因会使功率下降外,如果增压器轴承磨损、压力机及涡轮的进气管路被污物阻塞或漏气,也都可使柴油机的功率下降。当增压器出现上述情况时,应分别检修或更换轴承,清洗进气管路、外壳,擦净叶轮,拧紧接合面螺母和卡箍等。

3. 柴油机转速不稳

柴油机转速不稳有两种表现:一是振抖;二是游车。振动有先天性的也有后天性的。游车故障不排除,可能会引起更为严重的故障——飞车。

1)先天性振抖

其主要表现为起动后即有振抖,转速越快,振抖越严重。这种情况多是由于发动机生产和维修造成,其原因多为惯性力和惯性力矩未能平衡所致,如旋转件动不平衡严重、往复运动件质量差较大等。

2)后天性的振抖

在使用过程中发生的振抖,其主要原因有:

(1)发动机支架松动。

(2)供油时间不准。

(3)各缸供油量不均匀。

(4)各缸供油提前角不一致。

(5)发动机温度过低,使部分缸工作不良。

3)柴油机游车

游车的表现为转速忽快忽慢。主要原因为:

(1)调速器工作不良。

(2)供油拉杆运动阻滞。

4. 柴油机飞车

柴油机飞车的表现为发动机转速不受控制地升高,并伴有浓烟排出。柴油机飞车的故障并不常见,一旦发生,若得不到及时处置,可能引起非常严重的后果。

1)故障主要原因

(1)喷油泵故障。

①喷油泵油量调节拉杆和调节器拉杆脱开,调节失控,无法向低速方向运动。

②喷油泵柱塞卡在高速供油位置,使拉杆无法向低速方向运动。

③喷油泵柱塞的油量调整齿圈固定螺钉松动,使柱塞失控。
(2)调速器故障。
①调速器润滑性能不好,润滑油太脏,冬季润滑油黏结,调速飞块难以甩开。
②调速器高速调整螺钉或最大供油量调整螺钉调整不当。
③调速器拉杆、销子脱落或飞块销轴断裂,飞块甩脱。
④调速器弹簧折断或弹力下降。
⑤飞块压力轴承损坏,失去调速功能。
⑥全速调速器由于飞球座歪斜或推力盘斜面滑槽磨损,飞球无法甩开。
⑦推力盘与传动轴套配合表面粗糙,不能在轴上灵活旋转和移动。
(3)燃烧室进入额外燃料,无法熄火停车。
①汽缸窜入机油。
②低温起动装置的电磁阀漏油,使多余的柴油进入燃烧室燃烧。
③多次起动不着火,汽缸内积聚过多的柴油,一旦着火,便燃烧不止,转速猛增。
④增压柴油机增压器油封损坏,机油被吸入燃烧室燃烧。
此外,柴油车加速踏板踩下去被卡死在最大供油位置,也会导致柴油机飞车。
2)诊断与排除
(1)紧急措施。
①行进中的车辆应加以制动,使发动机强行熄火。
②工程机械作业中可加大机械载荷,使发动机强行熄火。
③未处于运动状态的机械或车辆,应立即松开输油泵的进油管;如手头无工具,则应强力扳断输油泵的进油管或出油管。
④用衣物堵塞空气滤清器或进气道,阻止空气进入汽缸。但值得注意的是,对于环形进气口的空气滤清器,要堵住整个环形进气面。
⑤迅速松开各缸高压油管接头,停止供油。
(2)柴油机熄火后确诊飞车原因。
发动机熄火后,应对照上述原因仔细检查,应将喷油泵送入专业的油泵维修中心进行检查。再次进行试车时,要准备好拆松高压油管的扳手,并将输油泵的进油管用塑料管临时套一下,在进行反复加速、减速试验,确认正常后再用正规油管替换下来。

八、冷却系常见的故障诊断

1. 冷却水泄漏

一般发动机的冷却系是全封闭的,在正常情况下,冷却水不需经常添加。如果冷却液水面下降很快,即表明冷却系有泄漏故障。

1)外部渗漏
外部渗漏容易发现,在停机后重新起动前,应对停机的地面进行观察,发现痕迹应及时检查。对于加防冻液的机械则更易发现,因为防冻液都有着色。外部渗漏的主要原因有:
(1)水泵水封损坏。
(2)散热器渗漏。
(3)软管、软管接头渗漏。
(4)缸盖或缸体破裂。

(5)缸盖翘变形或缸盖螺栓松动。
(6)散热器盖及密封垫损坏。

散热器盖及其密封垫损坏,将破坏冷却系的密封,在发动机工作时,冷却水蒸发逸出或机械摇晃造成冷却水洒出损失。为检验散热器盖是否密封,可进行散热器盖加压检查。

2)内部渗漏

冷却水内漏多是漏入汽缸内和油底壳内。漏入汽缸内,发动机工作时会有严重白烟排出;漏入油底壳内,则会造成机油乳化。内部渗漏的原因有:

(1)缸套封水圈损坏。
(2)缸体、缸盖变形或裂纹。
(3)缸盖螺栓松动或示未按规定上紧。
(4)汽缸垫损坏。
(5)由正时齿轮驱动的水泵水封损坏。
(6)缸套裂纹。

实际工作中发现,缸套在使用中会发生裂纹,导致冷却水经此裂纹进入油底壳。其主要原因多为发动机缸套在压装时受力不均或在工作中热应力影响所致。

2. 发动机温度过高

发动机水温过高是发动机的常见故障,其根本原因:一是热量不良;二是热量过多地产生。散热不良与冷却系统相关,而热量过多地产生则与其他系统有关。

1)冷却系的原因是导致发动机过热的主要原因。

(1)冷却水量不足。
(2)风扇皮带打滑或断裂,水泵和风扇都不能正常转动。
(3)水泵损坏,不能保证冷却循环。
(4)下水管冻结或堵塞,散热器冷却水不能进入发动机。
(5)散热器、缸体内水套结垢多,散热器通风不良。
(6)节温器失效,卡在小循环位置,不能进行大循环。
(7)电磁风扇离合器或其控制电路故障,风扇不能根据温度高低分开和闭合。
(8)硅油风扇离合器故障。
(9)驱动风扇的液力元件故障。
(10)风扇叶片装反。

风扇叶装反在修理工作时常发生,风扇装反后并不影响出风的方向,但出风量却大为减少,导致散热不良。该问题在工作中往往容易忽略。

2)非冷却系故障引起的发动机过热的主要原因

(1)连续超负荷运转。
(2)供油时间过晚。

供油时间过晚,柴油机的补燃期过长,在此阶段燃烧所放出的热量不能有效地转变为机械能,大部分会用来增加发动机的热负荷,所以柴油机会过热。汽油机的点火过晚引起发动机过热也是同样的道理。

(3)润滑系统工作不良。

润滑系统具有减磨和冷却的作用,当润滑系统工作不良时,也可能引起发动机过热,这点在风冷却发动机上尤为重要。

（4）汽缸压缩比过大。

汽缸压缩过大导致其压缩终了压力过大,爆发压力过大,从而使发动机过热。在柴油机的使用过程中,引起其压缩比变大的主要原因是燃烧室容积减小:如汽缸垫过薄、缸盖或缸体被磨削过多等。

3）故障的诊断与排除

发动机温度过高故障诊断排除,见图13-5。

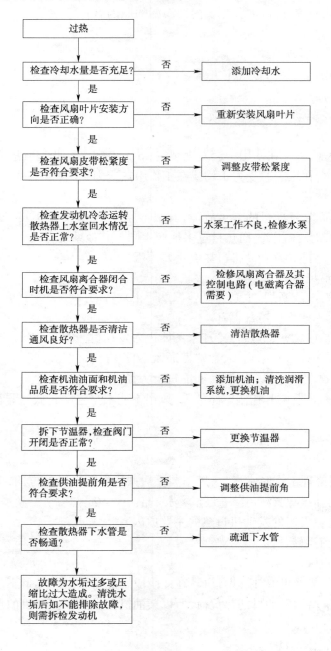

图13-5　发动机温度过高故障诊断排除

3. 发动机温度过低

发动机升温缓慢或达不到的正常工作温度,将导致发动机磨损加快,且影响发动机的燃烧。其表现为发动机工作时功率不足、油耗增加,在很长或全部工作时间内,水温达不到正常工作温度范围,低于85℃。温度过低故障的主要原因有:

(1)节温器失效,卡在大循环位置。
(2)风扇离合器卡死不能分离或接合太早。
(3)水温表或水温传感器失效。
(4)环境温度太低且逆风行驶。
(5)冬季保温装置不良或百叶窗不能完全关闭。
(6)未装节温器。

在实际修理工作中发现,有些修理人员和修理厂家由于工作疏忽或认知上的错误,不装节温器的现象时有发生,这时发动机在寒冷环境下(如冬天)就会因为大小循环同时进行而使温度上升缓慢;但到了炎热环境(如夏天)则又发生过热的故障。

九、发动机异响来源

1. 正常响声来源

1)作用在发动机活塞上的燃烧压力产生周期性的转矩波动形成的噪声

往复式发动机依靠作用在活塞上的燃烧压力转换为发动机的转动力。对于应用最为广泛的四冲程发动机,曲轴转动每转两圈,每个汽缸只发生一次燃烧,这就是说作用在活塞上压力是脉动性的,这就产生了"转矩波动"。在四缸发动机中,曲轴每转一圈,发生两次转矩波动,在六缸发动机中则发生3次。这些波动经离合器或其他机构向外传递。显然这种发动机的"转矩波动"引起的振动必然形成低频率的响声。

2)旋转件不平衡及惯性不平衡引起的噪声

任何转动部件的不平衡(如曲轴、飞轮和皮带轮等)都会引起振动和噪声。这种振动噪声与部件的不平衡幅度成正比,与转速的平方成正比,所以,转速增加时振动噪声会急剧放大。所谓惯性不平衡引起的噪声,是指往复式发动机中活塞和连杆在上、下行程中,交替改变运动方向,如果发动机的各个活塞与连杆之间有重量差,就发生"惯性的不平衡",同样引起振动和噪声。

3)发动机的其他机械噪声

这些噪声主要包括:活塞敲缸噪声、挺杆运动噪声、气门开闭噪声、气门和气门弹簧颤动噪声、齿轮传动噪声、链轮传动噪声等。

4)发动机进气和排气系统的噪声

(1)进气系统的噪声。

进气系统的噪声可分为两类:一类是从进气孔听到的高音调声音,与空气滤清器的形状及进气管的直径和长度有关。另一类是沉重低音调的声音,是进气噪声的频率与进气系统装置的共振频率在某一特定转速一致时共振所产生的。为防止这两个频率一致,某些车型安装了消音共振器。

(2)排气系统的噪声。

排气系统的噪声主要来自两方面:其一是发动机排出废气噪声,虽然安装了消声器降低排出废气的压力和温度,极大地减少了排气声,但排气噪声依然存在,特别是在发动机燃烧不良的情况下尤为明显；其二是排气管道较细长，加之与发动机这个最大的振动源相连，所以容易振动产生噪声。

5）风扇噪声

风扇噪声一是由风扇叶片切割空气产生的；二是由位于风扇后面部件的空气紊流所产生。噪声与转速成正比，转速越大，噪声越强。

6）发动机支架形成的噪声

发动机依靠支架连接车身与发动机这个最大的振动源，发动机振动正是通过这些支架传至车身而产生多种噪声。同时，来自地面与轮胎间的振动也传至发动机，使发动机与之共振，它易于与整体式车身共鸣产生噪声。

2. 发动机异响类型

1）机械异响

机械异响主要是运动副配合间隙太大或配合面有损伤，运转中引起冲击和振动造成的。发机上的配合副因磨损或调整不当造成运动副配合间隙太大时，运转中要产生冲击和振动声波。如曲轴主轴承响、连杆轴承响、凸轮轴轴承响、活塞敲缸响、活塞销响、气门脚响、正时齿轮响等。

2）燃烧异响

燃烧异响主要是发动机不正常燃烧造成的。如柴油机工作粗暴时汽缸内均会产生极高的压力波，这些压力波相互撞击，发出了强烈的类似敲击金属的异响。

3）空气动力异响

空气动力异响主要是在发动机进气、排气和运转中，风扇因气流振动而造成的。

4）电磁异响

电磁异响主要是在发电机、电动机和某些电磁元件内，由于磁场的交替变化，引起电气元件内的某些机械部件或某一部分空间容积产生振动而造成的。

十、排烟异常的诊断

1. 柴油机冒黑烟

黑烟也称炭烟，柴油机排气冒黑烟主要是因为混合气过浓、混合气形成不良或燃烧不完全等原因造成的，主要因素有以下几项：

1）压缩力不足

气门、活塞环、汽缸套磨损后，引起压缩压力不足，压缩终了的压力和温度达不到要求，燃油的燃烧条件变差，容易产生炭烟。

2）燃烧室形状和容积改变

燃烧室形状因制造质量及长期使用导致技术状况下降，压缩余隙改变也会使燃烧室形状和容积改变，从而影响燃油与空气混合质量，使燃烧条件变坏。活塞位置装反，使喷油器、燃烧室、进气道的配合工作受到影响，不能形成良好的混合气，产生不完全燃烧。

3）喷油器工作不良

喷油器工作不良主要表现在三个方面：一是喷雾质量差；二是喷油压力不足，导致喷射油束的贯穿距离和雾化质量差；三是喷油器的滴漏现象。这三种情况都会使燃料不能充分地与汽缸内的空气混合，从而不能完全燃烧。另外，如果选择的喷油器与原机不匹配同样会造成发动机排烟。

4）供油量过大

供油量过大,致使混合气偏浓而燃烧不完全。

5）供油提前角不当

(1)供油提前角过大。

在直喷式柴油机中,当其他参数不变时,适当加大喷油提前角可以降低排气烟度。因为加大喷油提前角会使滞燃期加长,使着火前喷入汽缸的油量增加,预混合量增加,预混合气增多,加快了燃烧速度,燃烧可较早结束,从而使急燃期形成的炭粒在高温下停留较长的时间,有利于炭粒氧化消失。然而过早的喷油,由于缸内压力和温度较低,不利于燃油的蒸发与混合,所以产生黑烟排放。同时,由于大大增加了预混燃料量,使柴油机工作粗暴,燃烧噪声增大,并引起较大的机械负荷。

(2)供油提前角过小。

燃油喷入汽缸内过迟,一部分燃料来不及形成可燃混合气就被分离或排出,致使部分在排气管中随废气排出的燃油料受高温分解、燃烧,形成黑烟随废气一同排出。

6）进排气阻力过大

进排气阻力过大使发动机进气不足、排气不净,从而影响充气效率。

(1)排气背压太高或排气管道阻塞。

这种情况会造成排气终了压力过高,从而引起进气量不足。出现这一情况的原因:一是排气管弯曲(特别是90°弯)过多;二是消声器内部被过多的烟灰阻塞。

(2)空气滤清器或进气管道阻塞。

这种情况会造成进气阻力过大,而引起进气不足。出现这一情况的原因:一是空气滤清器过脏;二是进气管道弯曲或受挤压变形;三是涡轮增压器工作不良;四是中冷器过脏。

7）气门间隙调整不正确

气门间隙过大会使气门最大开度减小和开启时间的缩短,从而引起进气不足;气门间隙过小则气门容易漏气,从而影响汽缸压缩力。两种情况都会使混合气中的空气比例减小,引起燃烧不全。

8）发动机配气相位变化

发动机配气相位由于零件质量和装配质量的原因发生变化,导致气门开闭时间的变化,从而影响发动机的燃烧过程。严重的配气相位变化将导致气门与活塞相碰的严重事故。

9）喷油泵工作不良

(1)喷油泵柱塞或出油阀严重磨损。

喷油泵个别或全部柱塞或出油阀严重磨损将导致喷油泵泵油压力下降,使喷油器(嘴)建压相对滞后,喷油推迟,后燃增多,所以柴油机冒黑烟。

(2)喷油泵各分泵缸供油量不均匀和供油提前角不一致。

供油量不均匀,有的缸供油大,有的缸供油量小,供油量大的缸燃烧不完全,排气冒烟;供油量小的缸工作无力。供油提前角不一致时,则导致有的缸供油早,有的缸供油迟。因为一般在日常调整供油提前角时往往以1缸为基准,所以供油提前角的一致性一般不为人们所重视。

10）柴油品质差

品质差的柴油其使用性能指标达不到要求,燃烧不良,也会产生黑烟。

2. 柴油机冒白烟

白烟是指排气烟色为白色，它与无色不同，白色是水蒸气的白色，表示排烟中含有水分或含未燃烧的燃油成分。柴油机在刚起动或冷机状态时，由于水汽的凝结和燃油的蒸发，形成白色排烟是正常现象。若柴油机温度正常时，仍然排出白色烟雾，则说明柴油机有故障。柴油机冒白烟的主要原因有：

(1) 冷却液进入汽缸。

汽缸套有裂纹或汽缸垫损坏，随着冷却水温度和压力的升高，冷却水进入汽缸。排气时形成容易形成水雾或水蒸气。

(2) 喷油器工作不良。

喷油器工作不良主要表现为雾化不良、喷油压力过低、有滴油现象。这种情况下，汽缸中燃油与空气混合气不均匀，燃烧不完全，产生大量的未燃烃，排气形成白烟。

(3) 供油提前角过小。

过迟的喷油，使大量柴油喷入汽缸时活塞已下行较长的行程，缸内的压力和温度都已下降，不足以形成良好的燃烧条件，大量的柴油未经燃烧，只是蒸发成气态随排气门的打开而排出，从而形成大量的白烟。

(4) 燃油中有水。

水随着燃油喷射入汽缸，水蒸发形成水汽，水汽也影响燃油的混合和燃烧，水蒸气和大量的未燃烃排出机外形成白烟。

(5) 活塞、汽缸套等磨损严重。

活塞、汽缸套等磨损严重引起压缩力不足，造成部分燃油未经燃烧而排出汽缸。

(6) 柴油品质太差，不能快速地蒸发、混合、燃烧。

3. 柴油机冒蓝烟

排气冒蓝烟，一般情况下是柴油机使用日久，机油窜入燃烧室燃烧引起的。有时燃油中混有水分，或有水分漏入燃烧室中，引起燃烧的改变，柴油机也会冒浅蓝色烟。冒蓝烟的主要原因有下列几点：

(1) 进气不畅。

空气滤清器阻塞，进气不畅，使进入汽缸内的气量减少，燃油混合气合理比例改变，造成油多气少燃油燃烧不完全。

(2) 油浴式空气滤清器的油盆内油面过高，机油进入汽缸。

(3) 油底壳内润滑油加入过多，柴油机运行中机油易窜入燃烧室。

(4) 活塞与缸套之间的间隙过大，机油容易窜入燃烧室。

(5) 活塞环故障。

活塞环老化、卡住或磨损过多，弹性不足，安装时活塞环倒角方向装反，使环的刮油作用下降，机油进入燃烧室。

(6) 气门杆和导管间隙过大。

由于磨损，造成两者之间间隙过大，在进气时，摇臂室内机油被大量吸入燃烧室燃烧。

(7) 机体通向汽缸盖油道附近的汽缸垫烧毁，致使机油进入燃烧室，并与燃油混合气一同燃烧。

4. 排气冒灰烟

排气冒淡灰色烟，柴油机工作还算正常，但烟雾颜色加重呈灰色或接近于黑色就说明有故障,与排气黑烟一样,由于不完全燃烧造成,所以故障原因与前述基本相同。

技能鉴定与考核评定

工程机械维修工职业技能鉴定操作技能考核评分记录,见表13-4。

工程机械维修工职业技能鉴定操作技能考核评分记录表　　　　表13-4

学号:_____　姓名:_____　班级:_____　成绩:_____

项目:发动机常见故障排除　　　　　　　　　　　　　规定时间:20min

序号	评分要素	配分	得分	权重	评分标准	考核记录	扣分	得分
1	操作前漏检冷却水、机油、燃油等项目	10			漏检每项扣10分			
2	应能正确操作起动机	10			有下列之一的扣10分: (1)每次起动超过5s;未成功应等30s~1min后再起动; (2)连续使用起动机超过5s			
3	应能正确选用、使用工具	10			不能正确选用、使用工具的扣10分			
4	应能遵守安全操作规程	10			操作中没有适时切断电源的扣10分			
5	应能根据故障现象找出故障原因,并能根据故障现象和原因正确排除故障	40			(1)不能根据故障现象找出故障原因的扣20分; (2)故障诊断错误的扣20分			
6	排除故障后柴油机应符合技术要求	20			排除故障后柴油机不能正常运转或不能运转的扣20分			
7	规定考核时间到停止操作				规定考核时间到后不停止操作的扣10分			
8	总计	100						

评分人:　　　　　　　　　　　　　　　　　　　　　　　年　月　日

学习任务十四　柴油机电控高压共轨喷射系统认知

> 👉 **任务目标**
> 1. 能熟练叙述电控柴油机的组成、工作原理，并能熟练指出各个零部件名称。
> 2. 熟知各种传感器的功用及安装位置。

 学习准备

一、柴油机电控高压共轨喷射系统结构

柴油机电控高压共轨喷射系统，如图 14-1、图 14-2 所示。

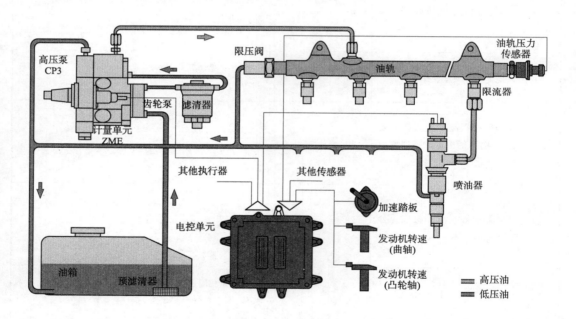

图 14-1　柴油机电控高压共轨喷射系统

高压共轨燃油喷射系统包括燃油箱、输油泵、燃油滤清器、油水分离器、高低压油管、高压油泵、带调压阀的燃油共轨组件、高速电控式喷油器、预热装置及各种传感器、电子控制单元等装置。

高压共轨燃油喷射系统的低压供油部分包括：燃油箱（带有滤网、油位显示器、油量报警器）、输油泵、燃油滤清器、低压油管以及回油管等；共轨喷射系统的高压供油部分包括：带调压阀的高压油泵、燃油共轨组件（带共轨压力传感器）以及电控式喷油器等。

(1)燃油箱。

储存燃油。

(2)预滤清器。

初步滤清燃油。

(3)滤清器。

进一步滤清燃油。

(4)高压泵。

将低压燃油转变为高压燃油。当柴油机工作时向燃油高压油轨腔内供给足够的高压燃油。它是高压部分和低压部分的接口。

(5)高压油轨。

高压油轨实质上是一个蓄能器,其功能是储存高压燃油,保持油压稳定并将高压燃油分配给各缸的电控喷油器。由于各缸共用一个油轨,所有称为共轨。

共轨组件的功能是接收从高压泵供来的高压柴油,并将高压泵输出的高压柴油经稳压、滤波后,按照 ECU 的指令分配到各个汽缸的喷油器中。

(6)限压阀。

是在油轨压力超过最高允许值以后开启泄压,防止系统内部零件的损坏。

(7)油轨压力传感器。

是将燃油压力信息反馈给 ECU,以便其能对整个喷油过程进行有效的控制。

(8)限流器。

限流器是为了防止喷油器可能出现的持续喷油。也可以采用调压阀代替,用来调整高压系统油压。

(9)电控喷油器。

电控喷油器主要有两种,一种是电磁式的,另外一种是压电式的。

电磁式喷油器是通过控制喷油器电磁阀开启时刻、持续时间从而控制喷射提前角、燃油喷射量。

压电式喷油器是利用压电元件的膨胀和收缩来控制针阀的行程实现喷油的。这就要求喷油器针阀的动作要快,并且喷雾量和精确度要更高,所以针阀中部没有承压锥面和相应的压力室,所以也称为无压力式喷油器。

压电式的喷油器可以实现多次喷射。所谓的多次喷射是指把原来的一次喷射分为先导喷射、预喷射、主喷射、后喷射和次后喷射等过程。先导喷射是为了在燃烧室内预先形成混合器,达到防止柴油机工作粗暴和减少噪声的目的;预喷射是为了对燃烧室先预热使得主喷射阶段的燃烧更平稳,起到减少氮氧化合物和降低噪声的目的;后喷射是为了使未燃烧的燃油充分燃烧,提高排气温度,降低碳氢化合物、一氧化碳等的排放量;次后喷射可以提高废气处理装置的温度,提高废气处理装置的效率。

(10)低压油管。

在低压油路中输送低压燃油。

(11)高压油管。

在高压油路中输送高压燃油。

(12)传感器。

将柴油机运行工况与环境的多种信号及时并尽可能真实地传递给电控单元。

二、柴油机电控高压共轨喷射系统的工作原理

柴油机电控高压共轨喷射系统工作原理,如图14-2所示。

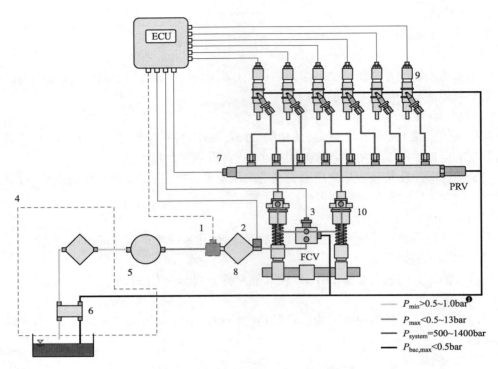

图14-2 柴油机电控高压共轨喷射系统工作原理图

1-燃油加热器(选装);2-供油压力器;3-燃油控制阀(FCV);4-油水分离器;5-燃油泵;6-温控阀(选装);7-共轨压力传感器;8-滤清器;9-喷油器;10-共轨管

电子控制单元接收曲轴转速传感器、水温传感器、空气流量传感器、加速踏板位置传感器、针阀行程传感器等检测到的实时工况信息,再根据ECU内部预先设置和存储的控制程序和参数或图谱,经过数据运算和逻辑判断,确定适合柴油机当时工况的控制参数,并将这些参数转变为电信号,输送给相应的执行器,执行元件根据ECU的指令,灵活改变喷油器电磁阀开闭的时刻或开关的开或闭,使汽缸的燃烧过程适应柴油机各种工况变化的需要,从而达到最大限度提高柴油机输出功率、降低油耗和减少排污的目的。

一旦传感器检测到某些参数或状态超出了设定的范围,电控单元会存储故障信息,并且点亮仪表盘上的指示灯(向操作人员报警),必要时通过电磁阀自动切断油路或关闭进气门,减小柴油机的输出功率(甚至停止发动机运转),以保护柴油机不受严重损坏——这是电子控制系统的故障应急保护模式。

三、传感器在发动机的功用及安装位置

以五十铃为例说明传感器在发动机上的功用及安装位置,如表14-1所示。

---

❶ $1bar = 10^5 Pa$。

共轨系统传感器、开关的安装位置和功用　　　　表14-1

序号	传感器名称	安装位置	功用(检测内容)
1	发动机转速传感器	飞轮壳体上	曲轴转速
2	供油泵转速传感器	在供油泵上	判缸
3	加速踏板传感器	在加速踏板上	负荷
4	增压压力传感器	在进气管上	增压压力
5	冷却液温度传感器	在汽缸体(盖)左上方	冷却液温度
6	柴油温度传感器	在汽缸体靠近柴油滤清器处	柴油温度
7	大气温度传感器	在发动机前部	大气温度
8	大气压力传感器	在ECU内	大气压力
9	加速踏板开关	在加速踏板上	加速踏板的怠速位置
10	诊断开关	在检测盒内	故障诊断
11	内存清除开关	在检测盒内	清除故障代码
12	仪表板	在驾驶室内	信息显示

四、实训操作要求

(1)实训开始前,应彻底清洁工作场所、所用设备等。
(2)操作时应轻拿轻放,以免碰坏零件的精密表面。
(3)实训结束后,应将所有的实训设备等归位,清洁场地、设备等。

 任务工单

任务工单见表14-2。

任务工单十四　　　　表14-2

柴油机电控高压共轨喷射系统基本知识认知		日期		总分	
		班级		组号	
		姓名		学号	
能力目标	1.能熟练叙述电控柴油机的组成、工作原理,并能熟练指出各个零部件名称; 2.熟知各种传感器的功用及安装位置				
设备、工具准备	康明斯柴油机、沃尔沃发动机等				
拆前准备	1.安全操作规程; 2.实训要求				
读取信息	柴油机名称		冷却方式		
	缸数		冲程数		
	缸径		是否带增压		
	柴油机型号				
关键操作点	1.冷静思考,正确判断; 2.基本知识的掌握程度; 3.零件安装位置				

续上表

实训过程须知	1. 共轨的定义是_____ _____ 2. 电控燃油系统的特点有： （1）_____ （2）_____ （3）_____ （4）_____ （5）_____ （6）_____ 3. 电控系统由_____、_____、_____组成。 4. 传感器的功用是_____ 5. 共轨系统有：(1)_____和(2)_____两种。 6. 高压油轨实质上是一个_____ 7. 限压阀的作用是_____ 8. 高压泵的作用是_____
零件认知过程概述	1. _____ 2. _____ 3. _____ 4. _____ 5. _____ 6. _____ 7. _____ 8. _____ 9. _____ 10. _____
讨论与总结	
评价体系	1. 个人评价_____ _____ 2. 小组评价 （1）任务工单的填写情况（优、良、合格、不合格）：_____ （2）团队协作与工作态度评价：_____ （3）质量意识和安全环保意识评价：_____ 小组成员签名：_____ 3. 指导教师综合评价：_____ 指导教师签名：_____

 知识要点

一、柴油机电控共轨喷油系统发展概况

1. 国外发展概况

国外在柴油机电控共轨喷油系统方面的研究比较早,也较成熟,有多种共轨系统投产使用。比如日本电装公司的 ECD-U2 高压共轨喷油系统、美国 CATERPILLAR 公司的 HEUI 系统、德国 BOSCH 公司的高压共轨系统等。

2. 国内发展概况

我国工程机械行业先后从美国、德国、日本等国家引进了先进技术,经过消化、吸收,推出了一系列的电控柴油机。比如广西玉柴、潍柴动力、上海柴油机股份有限公司、上海日野、东风康明斯发动机有限公司等。

二、电控高压共轨柴油机的优点

(1)改善了低温起动性。
(2)降低了氮氧化物和烟度的排放。
(3)提高了柴油机的运转平稳性。
(4)提高了发动机的动力性和经济性。
(5)精确控制涡轮增压。
(6)适应性更加广泛。

三、电控燃油系统的分类

按照控制方式进行分类:
(1)位置控制。
(2)时间控制(时间—压力控制和压力控制)。
按照燃油喷射系统的基本组成和结构进行分类,见表 14-3。

按照燃油喷射系统的基本组成和结构进行分类　　　　表 14-3

名　　称	优　　点	缺　　点
位置控制式电控系统	柴油机的基本结构几乎不变	控制精度不高、响应速度慢、喷油压力不能独立控制
时间控制式电控系统	控制自由度大、供油加压和供油调节在结构上相互独立,简化了喷油泵的结构,提高了强度,加强了高压燃油喷射能力	喷油压力无法控制
时间—压力控制式电控系统	降低了燃油消耗、噪声、尾气排放,喷射压力更高、喷油方式更灵活	

161

四、压电式喷油器

1. 压电传感器的产生原因

因为柴油机废气排放的标准越来越高,对柴油机喷油速率和喷油规律的研究也越来越深入。在共轨系统中,为了让燃烧过程最大限度地接近理想状态、降低排放污染、减少噪声和使柴油机工作的更加柔和,采用多次喷射成为必然的选择。

柴油机的多次喷射指的是把原来的一次喷射分为先导喷射、预喷射、主喷射、后喷射和次后喷射等过程。先导喷射是为了在燃烧室内预先形成混合气,达到防止柴油机工作粗暴和减少噪声的目的。预喷射是为了对燃烧室先预热,使得主喷射阶段的燃烧更平稳,起到减少氮氧化物和降低噪声的目的。后喷射可以使未燃的燃油充分燃烧,提高排气温度,降低碳氢化合物、一氧化碳和PM排放量。次后喷射可以提高废气处理装置的温度,调高废气处理装置的效率。

第二代高压共轨系统利用高速电磁阀的开闭可实现预喷射和后喷射,但受到电磁阀工作的限制,难以实现多次喷射。第三代高压共轨系统采用了压电式喷油器,以压电晶体作为控制喷油器工作的执行元件,极大地提高了响应速度,能够在极短的时间内完成多次切换,控制精度高,能控制的最小供油量足够小,使得多次喷射成为可能。

2. 压电传感器的工作原理

压电元件具有正向和反向压电效应,当在压电元件两端施加电压时,压电元件就会发生形变:给压电元件施加正向电压时,其体积膨胀;给压电元件两端施加反向电压时,其体积收缩。压电式喷油器就是利用这一原理,可以用压电元件来使喷油器控制室的泄油孔通断,以控制针阀的升程,从而实现对喷油量和喷油正时的控制,也可以用压电元件直接驱动针阀升程,这种喷油器可以实现更高的平均有效喷射压力、更多的喷射次数,两次喷射之间可达零间隔,最小喷射两次空间为 0.5mm^3。

压电式喷油器按照其控制针阀的方式不同,可分为直接驱动方式和伺服驱动方式两种。

压电式直接驱动喷油器是直接利用压电元件的膨胀和收缩来控制针阀的行程,以实现喷油,使得喷油器针阀的动作速度更快,能用不到 $100\mu s$ 的时间打开和关闭喷油器的针阀,且喷雾量和精确度更高。因为在针阀中部没有承压锥面和相应的压力室,也被称为无压力室喷油器。

压电式伺服驱动喷油器是用压电元件取代电磁阀来控制泄油孔的开闭,见图14-3。其工作过程如下:高压燃油从共轨进入喷油器后,分为两路,一路由通道进入喷油嘴的油道,作用在针阀锥面上;另一路通过节流孔进入活塞顶部的油腔。当压电晶体不通电时,单向阀关闭,油腔中的燃油推动柱塞,关闭喷油嘴,喷油器不喷油。当压电晶体通电后,压电晶体膨胀,推动大活塞压缩油腔中的燃油,再推动小活塞,将单向阀和油道回流到油箱。由于柱塞上部被泄压,针阀在油槽中的燃油压力作用下,克服复位弹簧的作用力,向上运动,使喷油嘴开启,开始喷油。如果压电晶体断电,单向阀落座,柱塞向

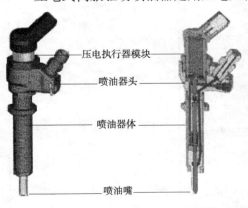

图14-3 压电晶体式喷油器的结构

下运动,使喷油嘴关闭。单向阀是为了补充油腔中的泄漏的燃油,以保证喷油嘴工作可靠。

五、电子控制系统的检修的注意事项

(1) 注意检查搭铁线的状况,其电阻一般 <10Ω(应参考检测线路的复杂程度)。

(2) 除测试过程中特殊指明外,不得用试灯去测试和 ECU 相连接的电器元件,以防止电路元件损坏。

(3) 电控电路应采用高阻抗数字式万用表检查。在拆卸或安装电感性传感器应将起动开关断开,或断开蓄电池的负极接线,以防止其自感电动势损伤 ECU 和产生新的故障。

(4) 由于工作环境恶劣和磨损等原因,在电控系统中,各种传感器的损坏率较高,应引起高度重视。

(5) 柴油机电控系统中,故障多的不是 ECU、传感器和执行部件,而是连接器。连接器常会因松旷、脱焊、烧蚀、锈蚀和脏污而接触不良或瞬时短路。因此,当出现故障时不要轻易地更换电子元件,而应先检查连接器的状况。

(6) 电控柴油机检查的基本内容仍是油路、电路和密封性的检验。故障码反映的是电控系统的故障及其对工作有影响的部件的故障,所以原因分析和有关的实际参数是判断故障的依据。

(7) ECU 具有记忆功能,但 ECU 的电源电路一旦被切断后,它在发动机运行过程中存储的数据会消失,在检查故障之前不要断开蓄电池。

(8) 在起动开关接通的情况下,不要进行断开任何电气设备的操作,以免电路中产生的感应电动势损坏电子元件。当断开蓄电池时必须关闭起动开关,如果在起动开关接通的状态下断开蓄电池连接,电路中的自感电动势会对电子元件有击穿的危险,自诊断时应记下故障代码后再断开蓄电池,否则故障码将消失。

(9) 水温传感器长期使用后,性能会发生变化,使水温信号发生错误,会对燃油喷射、喷油时间及喷油泵的工作等造成不良影响。因此,当发动机工作不正常,而故障自诊断系统又未指示水温传感器故障码时,不要忽略对水温传感器的检查。

技能鉴定与考核评定

工程机械维修工职业技能鉴定操作技能考核评分记录,见表14-4。

工程机械维修工职业技能鉴定操作技能考核评分记录表　　表14-4

学号:_____ 姓名:_____ 班级:_____ 成绩:_____

项目:柴油机电控高压共轨喷射系统基本知识认知　　规定时间:20min

序号	评分要素	配分	得分	权重	评分标准	考核记录	扣分	得分
1	操作前漏检冷却水、机油、燃油等项目	10			漏检每项扣10分			
2	应能正确说出结构	10			有下列之一的扣10分: (1)名称与实物不相符的; (2)超过规定时间说不出的			
3	应能清洁现场	10			不能清洁现场的扣10分			

续上表

序号	评 分 要 素	配分	得分	权重	评 分 标 准	考核记录	扣分	得分
4	应能遵守安全操作规程	10			操作中没有适时切断电源的扣10分			
5	应能根据实物辨别出各类传感器的位置	40			(1)不能指出但能说出名称的扣20分; (2)能指出但说不出名称的扣20分			
6	操作后的归位、清洁等工作	10			没有处理的扣20分			
7	规定考核时间到停止操作	10			规定考核时间到后不停止操作的扣10分			
8	总计	100						

评分人: 年　月　日

自我检测试题

当所有人都低调的时候,你可以选择高调,但不能跑调。
以锻炼为本,学会健康;以适应为本,学会生存。

Ⅰ 发动机工作原理和构造

概 述

一、填空题

1. 连杆的上端通过_____与活塞铰接,其下端与曲轴的_____铰接。
2. 发动机在工作过程中,首先将_____转变成_____,进而将_____再转化为_____。
3. 活塞离曲轴回转中心最远处,通常为活塞的_____,称为_____;活塞离曲轴中心最近处,通常为活塞的_____,称为_____。
4. 活塞从上止点到下止点所扫过的容积称为_____或_____,用符号_____表示。
5. 请写出右图中所示位置的名称
1-_____;2-_____;3-_____;4-_____;
5-_____; 6-_____; 7-_____; 8-_____;
9-_____;10-_____

6. 柴油机由_____、_____两大机构和_____、_____、_____、_____四大系统组成。
7. 配气机构的功用是_____
8. 曲柄连杆机构的功用是_____
9. 润滑系的功用是_____
10. 起动系的功用是_____

11. 冷却系的功用是＿＿＿＿＿＿＿＿＿＿＿＿＿＿＿＿＿＿＿＿＿＿＿＿＿＿＿＿＿＿
12. 供给系的功用是＿＿＿＿＿＿＿＿＿＿＿＿＿＿＿＿＿＿＿＿＿＿＿＿＿＿＿＿＿＿

二、判断题

1. 发动机在工作过程中直接将化学能转化为机械能。（ ）
2. 曲轴每转一周,活塞移动两个行程。（ ）
3. 由于柴油机的压缩比大于汽油机的压缩比,因此在压缩终了时的压力及燃烧后产生的气体压力比汽油机压力高。（ ）

三、名词解释

1. 发动机排量
2. 汽缸总容积
3. 压缩比
4. 二冲程发动机
5. 活塞行程
6. 汽缸工作容积
7. 汽缸总容积
8. 上止点
9. 下止点

发动机工作原理

一、填空题

1. 四冲程发动机的工作循环由＿＿＿＿、＿＿＿＿、＿＿＿＿、＿＿＿＿四个过程组成。
2. 在四冲程发动机的一个工作循环中,活塞共运动了＿＿＿＿个行程,进排气门各开启＿＿＿＿次,曲轴转动了＿＿＿＿周,凸轮轴转动了＿＿＿＿周。
3. 在四冲程发动机的工作循环中,只有＿＿＿＿过程做功,可作为辅助过程的其余三个过程均要消耗动力。所以,四冲程发动机的曲轴旋转是＿＿＿＿（单缸发动机尤为显著）。
4. 二冲程柴油机由于换气时进入汽缸的是＿＿＿＿,没有＿＿＿＿,在某些大型工程机械和重型载货汽车上被使用。
5. 按照发动机的工作循环填写下表。

行程	活塞	进气门	排气门	压力	温度	曲轴转角
进气						
压缩						
做功						
排气						

二、简答题

1. 四冲程汽油机和柴油机有哪些相同点和不同点?
2. 简述四冲程柴油机的工作原理。

发动机的总体构造

一、填空题

1. 曲柄连杆机构是柴油机借以_____的机构,通过它把_____在汽缸中的直线往复运动和_____的旋转运动有机地联系起来,并由此向外输出动力。
2. 曲轴连杆机构包括_____、_____、_____。
3. 配气机构主要由 _____、_____、_____、_____、_____、_____、_____等组成。
4. _____是发动机实现工作循环,完成能量转换的主要运动零件。

二、问答题

1. 简述柴油机两大机构和四大系统。
2. 燃料供给系的作用是什么?

三、判断题

1. 冷却系主要包括水泵、风扇、机油冷却系、散热器。 (   )
2. 汽油机使用的燃料性质及向发动机汽缸供给的方式与柴油机有一定差异。 (   )
3. 汽油机的点火方式与柴油机不同。 (   )
4. 配气机构的作用是使新鲜空气适时充入汽缸。 (   )

发动机的性能指标

一、填空题

1. 为了表征各种类型发动机的性能特点、比较发动机性能的优劣,一般以_____作为评价指标。
2. 动力性指标包括:有效转矩和_____等。
3. 发动机的有效燃油消耗率和有效热效率是指_____。
4. 运转性能指标包括_____、_____、_____。
5. 发动机每工作 1h 所消耗的燃料重量称为_____,用_____表示,单位是_____。
6. 在标定工况下发动机每升汽缸工作容积所发出的有效功率称为_____,用_____表示,单位是_____。
7. 升功率是从发动机_____出发,对其_____的利用率进行评价。
8. 发动机的有效功率与指示功率之比称为_____。
9. 发动机有效功率等于_____与_____的乘积。

二、判断题

1. 发动机的燃油消耗率越小,经济性越好。 (   )
2. 发动机总容积越大,它的功率也就越大。 (   )
3. 发动机最经济的燃油消耗率对应转速是在最大转矩转速与最大功率转速之间。 (   )
4. 同一台发动机的标定功率值可能会不同。 (   )

三、名词解释

1. 发动机有效转矩

2. 燃油消耗率
3. 发动机有效功率
4. 标定功率

发动机名称和型号编制规则

一、解释下列型号的含义

1. 135
2. 12134ZG
3. EQ6100Q

二、符号认识

1. F
2. Z
3. N
4. S
5. M
6. G
7. Q
8. J

成功的时候不要忘记过去；
失败的时候不要忘记未来！

Ⅱ 曲柄连杆机构

概 述

一、填空题

1. 曲柄连杆机构是往复活塞式发动机将_____转变为_____的主要机构。
2. 曲柄连杆机构主要由_____、_____和_____组成。
3. 曲柄连杆机构是在_____、_____、_____和_____的条件下工作的。
4. 发动机工作时,运动件在高压下做_____,受力情况很复杂。
5. 在每个工作循环的_____中,气体压力始终存在。
6. 往复运动的物体,当运动变化时,将产生往复_____。
7. 当活塞从上止点向下止点运动时,其速度变化规律是:_____,_____,邻近中间达最大值,这一段活塞做_____;然后逐渐减小至_____,这一段活塞做_____。
8. 为了便于理解和记忆,我们将活塞运动分为_____和_____。
9. 离心力使连杆大头的轴承和轴颈、曲轴主轴承和轴颈收到又一附加荷载,增加了它们的_____和_____。
10. 汽缸的主要作用是封闭上部并与_____和_____顶部共同构成燃烧室。

二、判断题

1. 湿式缸套直接与冷却水接触,冷却效果较好,其壁厚一般为5~9mm。（　）
2. 汽缸有足够的刚度、强度,有良好的导热性能和稳定性。（　）
3. 汽缸中加工出圆柱形空腔,称为缸体。（　）
4. 曲柄连杆机构中互相接触的表面做相对运动时都存在有摩擦力,其大小与压力和摩擦力系数成正比,其方向总是与运动方向相同。（　）

机 体 组

一、填空题

1. 机体组主要由缸体_____、_____、_____、_____和_____等组成。
2. 汽缸体中加工出圆柱形空腔,称为_____。
3. 为了便于汽缸散热,在汽缸的外面制有_____（水冷式）或_____（风冷式）。
4. 为了轴承的润滑,在侧壁上设有_____,前后壁和中间隔板上设有_____。
5. 看图写出下图位置的名称。

汽缸体　　　　曲轴箱

1-_____;2-_____;3-_____;4-_____;5-_____;6-_____;7-_____

6. V型汽缸体两列之间的夹角一般为_____、_____或_____。

7. 水冷式发动机的曲轴箱和汽缸体做成一体,有_____、_____、_____三种基本结构形式。

8. 汽缸垫的功用:汽缸垫是用来保证汽缸体与汽缸盖间的密封,_____。

9. 汽缸盖的主要作用是封闭汽缸上部并与汽缸或塞顶部共同构成燃烧室_____。

10. 汽缸垫装在_____和_____之间,其功用是防止_____、_____、_____。

二、判断题

1. 为了方便装配,缸套上支承定位带直径略小,与承孔配合较紧;而下支承密封带直径略大,与座孔配合较松。( )

2. 汽缸的结构形式取决于有无汽缸套。( )

3. 汽缸盖是燃烧室的组成部分,燃烧室的形状对发动机的工作影响很大,由于汽油机和柴油机的点火方式不同,其汽缸盖上组成燃烧室的部分差别较大。( )

三、简答题

1. 为了复杂的工作条件,对汽缸体有何要求?
2. 简述汽缸体与曲轴箱的结构形式以及作用。

活塞连杆组

一、填空题

1. 活塞连杆组由_____、_____、_____和_____等主要机件组成。

2. 活塞的主要功用是与_____、_____共同构成燃烧室,将所承受的燃气压力,通过_____和_____传给曲轴。

3. 活塞在工作中要承受_____、_____、_____及_____等交变载荷的作用。

4. 如下图所示,指出图中所示位置的名称。

1-_____;2-_____;3-_____;4-_____;5-_____;6-_____;7-_____;
8-_____; 9-_____; 10-_____; 11-_____; 12-_____; 13-_____;
14-_____;15-_____;16-_____

5. 连杆的结构主要包括_____、_____、_____。

二、判断题
1. 活塞的基本结构分为顶部和裙部两个部分。（　　）
2. 活塞环是具有弹性的开口环，按其功用可分为气环和油环。（　　）
3. 活塞销的功用是连接活塞和连杆小头，并把活塞承受的力传给连杆。（　　）
4. 活塞顶部是燃烧室的组成部分，它的形状与选用的燃烧室形式无关。（　　）
5. 气环的功用是保证汽缸与活塞间的密封，防止漏油。（　　）

三、简答题
1. 简述活塞销的功用。
2. 简述连杆的功用。
3. 简述气环密封的原理。

机体组的检修

一、填空题
1. 汽缸体与汽缸盖的常见损伤主要有_____等。
2. 汽缸盖裂纹多发生在_____之间，这一般由于气门座或气门导管配合盈量过大与_____引起。
3. 汽缸体上下平面在螺纹孔口周围凸起，通常是_____，_____引起的。
4. 汽缸盖变形是指汽缸体的_____，是一种常见的损伤形式。
5. 汽缸裂纹的修理方法有_____等几种。在修理中，应根据裂纹的_____、_____、_____的角度，以及_____、_____等情况，灵活而适当地选择。
6. 汽缸检测部位分为_____和_____。
7. 最大磨损量 = _____ − _____。
8. 汽缸修理尺寸 = _____ + _____。
9. 汽缸间隙的测量应在于活塞裙部垂直于_____进行。

二、判断题
汽缸磨损检测是只需要量缸表、游标卡尺。（　　）

三、简答题
1. 汽缸磨损的特点是什么？
2. 汽缸磨损的原因是什么？
3. 汽缸量具有哪几种？

活塞连杆组的检修

一、填空题
1. 同一台发动机上应选用同一厂牌的活塞，以便保证活塞_____、_____、_____、_____。
2. 同一台发动机应选用_____和_____的活塞。活塞的修理级别尺寸一般刻印在_____。
3. 活塞环的常见损伤主要是_____、_____和_____等。
4. _____是保证汽缸密封性的主要条件之一。

5. 连杆变形将会导致_____、_____、_____等故障。
6. 连杆变形的校正一般是_____进行。

二、判断题
1. 使用厚薄规检测活塞环的间隙和背隙。（　　）
2. 同一台发动机的几只活塞,必须属于同一质量组别,以保证同一台柴油机的活塞质量差不小于规定值。（　　）

三、简答题
1. 活塞环装配前需要检查什么?
2. 如何检查活塞销和活塞销座孔的配合紧度?

低调做人,高调做事,你会一次比一次稳健。
生活不是单行线,一条路不通你可以选择转变。

Ⅲ 发动机配气机构

概　　述

一、填空题

1. 现代发动机一般采用气门式配气机构,主要由_____和_____组成。
2. 根据气门的位置配气机构可分为_____和_____。
3. 根据凸轮轴的位置,配气机构可分为_____、_____、_____。
4. 根据曲轴与凸轮轴的传动方式,配气机构可分为_____、_____、_____。
5. 根据每缸气门数目,配气机构可分为_____、_____。

二、判断题

1. 定时开启和关闭进排气门,向汽缸供给新鲜的可燃混合气或空气,不及时排出废气;当进、排气门均关闭时,保证汽缸的密封性。（　　）
2. 新鲜的充量被吸入汽缸越多,可燃混合气燃烧时放出的热量就越大,则发动机可能发出的功率越大。（　　）
3. 通常将气门完全开启时的气门杆尾端与传动件之间留有一定的间隙,以补偿气门与传动件的热膨胀量,这一间隙称为气门间隙。（　　）
4. 配气相位是指用曲轴转角表示的进、排气门的实际开闭时刻和开启持续时间,通常用曲轴转角的环形图来表示,即配气相位图。（　　）
5. 由于进气门早开,排气门晚闭,使得在活塞处与排气上止点附近进排气门同时开启,这种现象称为"气门叠开",这情况通常有两处重合角。（　　）

三、名词解释

1. 充气效率
2. 配气相位

四、简答题

根据下面配气相位图说出各进、排气角及角度。

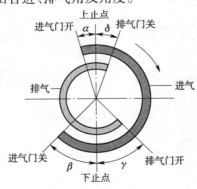

配气机构的构造

一、填空题

1. 气门组主要包括_____、_____、_____、_____等。

2. 一般讲气门分为_____、_____和_____三部分。
3. 气门油封在高温下与燃油、机油接触,通常用_____、_____、_____性能好的氟橡胶制成。
4. 气门弹簧是刚度很大的圆柱形螺旋弹簧,通常采用_____卷绕制成。
5. 气门传动组的功用是传递凸轮轴至气门之间的运动,主要由_____、_____、_____、_____、_____等组成。
6. 凸轮轴的结构主要有_____、_____,用于驱动汽油泵的偏心轮及驱动分电器等装置的齿轮。
7. 凸轮轴通常由曲轴通过_____驱动。
8. 挺柱一般制成筒式,内部的_____与_____相配合。
9. 现代发动机上采用液力挺柱,可以自动调节_____。
10. 推杆可以是_____或者_____的。

二、判断题
1. 平顶气门受热面积小,结构简单,制造方便,适用于进气门。（　　）
2. 气门座与气门头部的密封锥面相互配合共同密封汽缸,同时气门头部的部分热量通过气门座传给汽缸盖。（　　）
3. 气门弹簧一端支承在缸盖上,另一端压靠在气门杆尾端的弹簧座上,因此弹簧两端可不磨平。（　　）
4. 摇臂功用是将凸轮轴或者推杆传递的力改变方向,作用至气门杆尾端关闭气门。（　　）
5. 推杆作用是将从凸轮轴经挺柱传来的推力传给摇臂。（　　）

三、名词解释
1. 充气效率
2. 气门间隙
3. 配气相位

废气涡轮增压

一、填空题
1. 利用柴油机的废气通过涡轮驱动压气机,来提高进气压力,增加充气量,称之为_____。
2. 涡轮增压器主要由_____和_____两个主要部分以及支承装置、密封装置、冷却系统、润滑系统等组成。
3. 转子支承装置采用_____,布置在中间壳的两端。
4. 在涡轮叶轮和压气机叶轮内侧设有_____、_____,防止漏油、漏气。
5. 涡轮分为_____和_____。

二、判断题
1. 高速旋转的叶轮将空气甩向叶轮的边缘,使其速度和压力增加后进入减压器。（　　）
2. 涡轮壳,压气机壳和中间壳等组成涡轮增压器的固定部分,分别与柴油机的进、排气管相连接。（　　）
3. 径流式与轴流式相比较,具有结构简单、体积小、效率高等优点,故应用广泛。（　　）

4. 增压比是废气涡轮增压器的一个主要性能指标,是压气机的进口压力与压气机出口压力之比值。（   ）

5. 连在同一根排气歧管上的各缸着火间隔对应的曲轴转角,要求大于180°。（   ）

配气机构的检修

一、填空题

1. 当气门有明显_____、_____、_____、_____等损伤时,应更换气门。

2. 气门杆弯曲会造成气门顶部的_____,使汽缸密封性下降。

3. 调整气门间隙,常见的有_____和_____。

4. 光磨后的气门其边缘厚度变薄,工作中容易_____、_____。

5. 检查配气相位之前,应先调整好气门间隙,在活塞处于_____附近位置时进行测量。

6. 磨削气门座有_____和_____研磨两种方式。

7. 气门与气门座的密封性检查常用的方法有_____、_____、_____、_____。

8. 气门导管内径的磨损,可以通过测量_____与_____配合间隙的方法进行检查。

9. 气门弹簧的常见损伤_____、_____、_____、_____及折断等。

10. 挺柱的常见损伤_____、_____、_____等。

二、判断题

1. 通常气门间隙的调整过程印在发动机热态下进行。（   ）

2. 合适的气门杆和气门导管的配合间隙以及可靠的气门油封,能保证配气机构的工作可靠性。（   ）

3. 当气门导管内径磨损超限时应予以更换。（   ）

4. 气门在工作过程中受到高温高压气体的冲击和腐蚀,其顶面会产生裂纹和溶蚀。（   ）

5. 气门杆的弯曲可用千分尺进行测定。（   ）

三、简答题

1. 配气机构主要异响有哪些?

2. 简述气门间隙的检查方法。

配气结构异响诊断

一、填空题

1. 气门脚响其听诊部位在_____。

2. 气门座响其听诊部位在_____。

3. 气门弹簧响其听诊部位在_____。

4. 正时齿轮响其听诊部位在_____。

5. 凸轮轴异响其听诊部位在_____。

二、判断题

1. 气门脚响其主要原因是气门间隙过大;凸轮磨损;顶杆、挺柱跳动。（   ）

2. 气门弹簧响其主要原因是气门弹簧折断;气门弹簧弹力太强。（   ）

3. 气门座响其主要原因是镶配时过盈量不当造成松旷。（   ）

175

4. 凸轮轴异响其主要原因是凸轮轴及轴承间隙配合松旷。（ ）
5. 液力挺柱响其主要原因是发动机润滑油油面过高或过低；润滑油压力高。（ ）

三、简答题
1. 简述正时齿轮响及液力挺柱响的现象。
2. 简述凸轮轴异响的原因。

不能失去的东西：
自制的力量
冷静的力量
对未来的希望和信心

Ⅳ 燃油供给系

一、填空题

1. 柴油机燃油供给系由_____、_____、_____及_____四部分装置组成。
2. 燃油供给由_____和_____两部分组成。
3. 空气供给装置由_____、_____和_____的进气道等组成。
4. 废气排出装置由_____的排气道、_____及_____等组成。
5. 柴油的发火性用_____表示,_____越高,发火性_____。
6. 喷油泵的传动机构由_____和_____组成。
7. 喷油泵的凸轮轴是由_____通过_____驱动的。
8. 喷油泵的供油量主要决定于_____的位置,另外还受_____的影响。
9. 针阀偶件包括_____和_____,柱塞偶件包括_____和_____,出油阀偶件包括_____和_____,它们都是_____,_____互换。
10. 供油提前调节器的作用是按发动机_____的变化自动调节供油提前角,以改变发动机的性能。

二、选择题

1. 喷油器开始喷油时的喷油压力取决于(　　)。
   A. 高压油腔中的燃油压力　　　B. 调压弹簧的预紧力
   C. 喷油器的喷孔数　　　　　　D. 喷油器的喷孔大小
2. 对多缸柴油机来说,各缸的高压油管的长度应(　　)。
   A. 不同　　　B. 相同　　　C. 根据具体情况而定　　　D. 无所谓
3. 孔式喷油器的喷油压力比轴针式喷油器的喷油压力(　　)。
   A. 大　　　B. 小　　　C. 不一定　　　D. 相同
4. 喷油泵柱塞行程的大小取决于(　　)。
   A. 柱塞的长短　　　　　　　　B. 喷油泵凸轮的升程
   C. 喷油时间的长短　　　　　　D. 柱塞运行的时间
5. 喷油泵是在(　　)内喷油的。
   A. 柱塞行程　　　　　　　　　B. 柱塞有效行程
   C. A、B 均可　　　　　　　　　D. A、B 不确定

三、名词解释

1. 柴油机的供油提前角
2. 柴油机的喷油提前角
3. 柱塞行程 h
4. 柱塞的有效行程
5. 柴油机的"飞车"

四、问答题

1. 柴油机供给系由哪些装置构成?
2. 什么是柴油的发火性?发火性的好坏对发动机工作有何影响?
3. 柴油的牌号是根据什么制定的?
4. 柴油机的可燃混合气是怎样形成的?
5. 燃烧过程分为哪几个阶段?

耐得住寂寞　经得起诱惑
无论输赢都要高姿态

Ⅴ 发动机冷却系

概　述

一、填空题
1. 水冷却系根据冷却水循环方式分为_____和_____。
2. 根据冷却介质的不同,内燃机的冷却方式有_____和_____两种形式。
3. 以空气为冷却介质的冷却系统称为_____。
4. 以冷却液为冷却介质的冷却系统称为_____。
5. 工程机械和车用内燃机普遍使用的是_____。

二、判断题
1. 燃烧所产生的热量只有一部分转化为机械能。　　　　　　　　　　（　　）
2. 节温器是一个根据水温高低调节冷却水循环路径的开关。　　　　　（　　）
3. 散热器如果是通过溢水管或加水口与大气相通,则称为闭式冷却系。　（　　）
4. 在散热气盖上,或溢水管处安装有空气蒸汽阀,则称为开式冷却系。　（　　）
5. 我们把流经散热器的循环称为大循环,把不经散热器的循环称为小循环。（　　）

三、名词解释
1. 自然对流
2. 强制循环式水冷却系

水冷却系主要部件的构造

一、填空题
1. _____是将冷却水在机体内吸收的热量传递给外界空气,使冷却水降温,以便再次循环,对发动机进行冷却。
2. 风扇的驱动可借助_____,也可由_____。
3. 常用节温器有_____、_____、_____三种形式。
4. _____焊在上下储水室之间,它是散热器的主要散热元件。
5. 内燃机使用的冷却液应该是清洁的_____。
6. 蜡式节温器根据其结构不同又可分为_____和_____两种形式。
7. 内燃机大多采用_____水泵。
8. 电动风扇使用_____作为电源,由直流低压电动机驱动。
9. _____上水箱的加水口平时用散热器盖严密盖住,以防冷却水溅出。
10. 常见到的散热器芯有_____、_____。

二、判断题
1. 水泵的作用是对冷却水加压,使冷却水在冷却系中减速循环流动,减弱冷却效果。　　　　　　　　　　　　　　　　　　　　　　　　　　　（　　）
2. 节温器的作用是根据冷却水的温度改变水在冷却系中的循环路径,调节冷却强度从而使发动机保持在最佳温度范围内工作。　　　　　　　　　（　　）
3. 如果水泵发生故障停止运转,也不妨碍水在冷却系统内的自然循环。（　　）

4. 离心式水泵的主要特点是体积大,输水量小,工作可靠。 (   )
5. 当发动机热状态正常时,蒸汽阀和空气阀各自在弹簧的作用下处于关闭状态。
(   )

三、名词解释
1. 大循环
2. 小循环

冷却系主要零部件的检修

一、填空题
1. 散热器的常见损伤是_____、_____、_____、_____、_____、_____等。
2. 水泵漏水多数是由于_____损坏而引起的。
3. 风扇变形后_____和_____摆差发生变化。
4. 电磁式风扇离合器是由_____控制其工作的。
5. 水泵的许多配合件都是过盈配合,装配时尽量采用_____避免硬敲硬打。

二、判断题
1. 散热管内水垢过厚时,用物理法清除,必要时拆除上下水室,用扁铁丝清除。 (   )
2. 散热管破裂时很难直接、准确地找到漏水部位,必须用压力试验的方法确定渗漏部位。
(   )
3. 焊补不影响散热效果,能满足大修期的要求。 (   )
4. 散热器的个别水管破损,但由于位置所限,不易焊补时,则用堵管法修理。 (   )
5. 水泵壳体出现裂纹时,可用气焊或电焊修补。 (   )

三、简答题
风扇应检验哪些项目?如何检验?怎样修理?

冷却系的故障诊断

一、填空题
1. 水温高达_____,散热器加水口冒大量水蒸气,机械行驶无力。
2. 若发动机一起动风扇就转动,说明故障在_____或_____、_____及风扇离合器。
3. 发动机起动后,排气管有水滴喷出,则多为_____,发动机工作时随废气排出。
4. 油底壳机油液面有升高趋势,发动机熄火后立即检查机油时有乳化现象,表明_____,冷却水漏入油底壳。
5. 从散热器加水口观察泵水情况。发动机加速时,若上水室无翻水现象,表明_____有故障,冷却水循环不良。

二、判断题
1. 水温过高表明风扇皮带打滑、折断或风扇叶片角度不正确。 (   )
2. 水温过低表明百叶窗卡死在全闭位置。 (   )
3. 水温过低表明风扇离合器烧结或温度传感器损坏,风扇常转不停。 (   )

4.水温过高表明,散热器水管堵塞、散热片倾倒过少或散热管通风缝隙被污物堵塞。
( )
5.冷却液耗损过多,表明汽缸套阻水圈损坏。( )

风冷却系简介

一、填空题

1.冷却风扇位于两排汽缸中间,由_____、_____、_____、_____和顶盖板等构成分压室。

2.冷却风扇有_____和_____两种。

3.风冷风扇主要由_____和_____两部分组成。

4.静叶轮为_____,静叶轮毂内装有液力耦合器。

5.动叶片与静叶片的端面均为_____。

二、判断题

1.在汽缸盖和汽缸体的迎风面设有挡风板,用来调节风量的分配。( )

2.冷空气经冷却风扇增压后进入风压室,再由风压室流过各个需要冷却的零部件表面。
( )

3.风冷风扇主要由风扇和冷却液两部分组成。( )

4.为了保持内燃机在不同工况下都能在最适宜的温度下正常工作,需对其冷却强度随时进行调节。( )

5.多缸风冷内燃机采用轴流式。( )

三、简答题

在风冷内燃机内,冷却装置是如何调节冷却强度的?

光有知识是不够的,还应当应用
光有愿望是不够的,还应当行动

Ⅵ 润 滑 系

概 述

一、填空题

1. 润滑剂包括_____、_____、_____等。
2. 通常用_____和_____对发动机油进行分类。
3. 一般发动机中都设有指示润滑油压力的_____和_____。
4. 柴油机强化强度是指柴油机的_____和_____的总和。
5. 汽油机进排气系统的_____对选用润滑油的使用等级有决定的作用。

二、判断题

1. 流动的润滑油不仅可以清除摩擦表面上的磨屑等杂质,还可以冷却摩擦表面。 （　　）
2. 发动机工作时,由于各运动零件的工作条件不同,所需的润滑强度也不同,因而要采取相同的润滑方式。 （　　）
3. 油路中必须有限制最高油压的装置——限压阀,它可以附于机油泵内,不可以单独设置。 （　　）
4. 一般来讲,气温低选择黏度大的润滑油;气温高选择黏度小的润滑油。 （　　）
5. 高等级的润滑油可代替低等级的润滑油,但绝对不可以用低等级的润滑油代替高等级的润滑油。 （　　）

三、名词解释

1. 压力循环润滑
2. 飞溅润滑
3. 油雾润滑
4. 润滑脂润滑

典型油路分析

一、填空题

1. 机油泵压出的润滑油的绝大部分经_____进入主油路,少量的润滑油经_____流回油底壳。
2. 整个曲轴是空心的,其空腔形成_____。
3. 在机油泵与主油道之间,与粗滤器并联设置一个_____。
4. 康明斯 NT-855 型柴油机润滑系采用_____和_____。
5. 附件传动的润滑是与_____相通的输油道供油的。

二、判断题

1. 如果润滑系中油压过高,这将增加发动机功率损失。 （　　）
2. 由于采用增压系活塞承受的负荷大,温度较低,因此对活塞必须进行冷却。 （　　）
3. 一个相交油道将从输油道来的润滑油引出汽缸体前部。 （　　）

4.用以润滑气门传动机构的机油,沿着第三个凸轮轴轴承引出的油道,一直通道汽缸盖上,气门摇臂轴的中心油道。( )

5.由活塞油环刮下的机油溅入连杆小头上的两个油孔内以润滑活塞销和连杆小头轴承。( )

三、简答题

试列出6130型柴油机的润滑油路的润滑油流程。

润滑系主要机件的构造

一、填空题

1.润滑系的主要机件有_____、_____和_____等。

2.机油泵通常采用_____和_____两种结构形式。

3.齿轮式机油泵由_____、_____、_____、_____、_____及_____等组成。

4.转子泵由_____、_____、_____等组成。

5.按机油滤清器在油路中的连接方式将机油滤清器分为_____和_____。

6.机油滤清器按其滤清方法有_____和_____两种。

7.国产内燃机常用的有_____、_____和_____等。

8.细滤器分为_____和_____两种。

9.离心式机油滤清器转子高速喷出的机油泡沫严重,加速了机油的_____,缩短了机油的使用周期。

10.对于功率较大的内燃机一般均设有机油散热装置——_____。

二、判断题

1.齿轮式机油泵由于结构简单,制造容易,并且工作可靠,所以应用最广泛。( )

2.转子式机油泵结构简单,吸油真空度较高,泵油量较大,且供油均匀。( )

3.在载重货车、工程机械上使用的内燃机一般采用粗、细双级滤清器,即分流式机油滤清器。( )

4.集滤器工作时漂浮在机油面上,以保证机油泵能吸入最上层的洁净机油。( )

5.细滤器用来滤除粒径为0.01mm以上的小杂质。( )

三、名词解释

1.集滤器

2.粗滤器

3.细滤器

四、简答题

1.常用的粗滤器有哪几种形式?

2.离心式机油细滤器的工作原理是什么?有何优缺点?

润滑系的维护与修理

一、填空题

1.常用机油泵有_____和_____两种。

2.影响机油泵压力和流量的主要部位是_____、_____、_____、轴与轴承的配合间隙及限压阀的密封性等。

3. 限压阀设置在_____上时,限压阀的密封性及开启压力应在_____上进行检验。
4. 限压阀设置在_____上时,其密封性的检验应在发动机_____时进行。
5. 主动齿轮和轴的配合有一定的过盈,装前应_____主动齿轮后再进行装合,不得_____。
6. 机油泵修复后应进行试验,以检查机油泵在规定的转速、油温、润滑油黏度条件下的_____及_____。
7. 滤清器是过滤_____中杂质的装置。
8. 缝隙式滤芯在使用中容易发生_____、_____、_____等损伤形式。
9. 滤清器外壳有_____或_____时,可用焊修法焊补。
10. 现代发动机润滑系设置_____、_____、_____、_____等。

二、判断题
1. 机油泵在工作中润滑充分,受力均匀,工作条件一般。（　　）
2. 如果经检验,机油泵的供油压力低,流量不足,转动中有不正常的响声,轴与齿轮晃动量过大时,则必须拆卸修理。（　　）
3. 啮合间隙增大,对机油泵的性能影响较小,所以此间隙允许值较大,有时可达1~1.5mm。（　　）
4. 衬套与轴的间隙过大时,应更换衬套,然后按轴的实际尺寸铰削,恢复其配合间隙。（　　）
5. 带状缝隙式粗滤器一般在工作60~70h后应进行清洗。（　　）

润滑系的故障诊断与排除

一、填空题
1. 对于汽油发动机,_____后,汽油会漏入油底壳。
2. 维护滤清器时,要特别注意检查_____或_____有裂缝、漏油之处。
3. 在机油泵试验台上检查、调整_____。
4. 发动机运转时,排气管冒蓝烟,曲轴箱机油加注口脉动冒烟气,说明_____与_____间隙过大。

二、判断题
1. 机油压力表、传感器、滤清器均无故障,润滑系各管路无漏油现象时,应拆检机油泵,清洗集滤器。（　　）
2. 发动机长期使用,润滑油压力逐渐降低,或因缺润滑油,轴承及其他配合部位严重磨损时,应考虑发动机维护。（　　）
3. 一接通点火开关机油压力表即有显示,说明机油压力表及传感器有故障,需修理。（　　）
4. 检查润滑系各油管及管接头没发现有渗漏痕迹时应予以紧固。（　　）
5. 有些发动机缸体或缸盖在水套与油道之间有裂纹时,润滑油压力比冷却水压力低。（　　）

三、简答题
1. 润滑油压力过高的原因有哪些?
2. 润滑油压力过低的原因有哪些?

汗水和泪水的成分相似，
但前者能为你换来成功，
而后者却只能为你换来同情……

参考文献

［1］吴幼松.发动机构造与维修［M］.北京:人民交通出版社,2009.
［2］张宏春.公路工程机械发动机构造与修理［M］.北京:人民交通出版社,2007.
［3］李静.柴油机维修［M］.成都:电子科技出版社,2011.
［4］刘建岚.工程机械电控柴油机检修［M］.大连:大连海事大学出版社,2013.
［5］许炳照.工程机械柴油发动机构造与维修［M］.北京:人民交通出版社,2013.